普通高等教育"十一五"国家级规划教材
高校建筑学专业指导委员会规划推荐教材
教育部2009年度普通高等教育精品教材

建筑构造（下册）
（第四版）
BUILDING CONSTRUCTION
(Part 2)

重庆大学　刘建荣　翁　季　主编

中国建筑工业出版社

图书在版编目（CIP）数据

建筑构造（下册）/刘建荣，翁季主编. —4版. —北京：中国建筑工业出版社，2008

普通高等教育"十一五"国家级规划教材. 高校建筑学专业指导委员会规划推荐教材. 教育部2009年度普通高等教育精品教材

ISBN 978-7-112-10120-7

Ⅰ. 建⋯ Ⅱ. ①刘⋯②翁⋯ Ⅲ. 建筑构造-高等学校-教材 Ⅳ. TU22

中国版本图书馆CIP数据核字（2008）第109861号

责任编辑：时咏梅　陈　桦
责任设计：崔兰萍
责任校对：安　东　关　健

普通高等教育"十一五"国家级规划教材
高校建筑学专业指导委员会规划推荐教材
教育部2009年度普通高等教育精品教材
建筑构造（下册）
（第四版）
BUILDING CONSTRUCTION (PART 2)
重庆大学　刘建荣　翁　季　主编
*
中国建筑工业出版社出版、发行（北京西郊百万庄）
各地新华书店、建筑书店经销
北京红光制版公司制版
世界知识印刷厂印刷
*
开本：787×1092毫米　1/16　印张：14¼　插页：1　字数：346千字
2008年11月第四版　2011年11月第三十次印刷
定价：24.00元（附网络下载）
ISBN 978-7-112-10120-7
（16923）

版权所有　翻印必究
如有印装质量问题，可寄本社退换
（邮政编码　100037）

第四版前言

建筑业是国民经济中的重要支柱产业，特别是改革开放以来，已经为国家创造了大量财富，为提高人民生活水平作出了巨大的贡献。随着建筑技术的不断发展进步，新材料、新结构、新技术在建筑中不断涌现，建筑构造和细部已经成为评判建筑品质优劣的重要标准。《建筑构造》教材及时紧跟建筑业的发展，去除陈旧的内容，补充新的理论和技术知识，既紧密结合建筑师执业考试和国家最新规范与法规，又保留了必要的传统构造做法。

全书分为上下两册。上册以大量性民用建筑构造为主要内容，包括绪论、墙体、楼地层、饰面装修、楼梯、屋盖、门和窗、基础8部分。下册以大型公共建筑构造为主要内容，包括高层建筑构造、建筑装修构造、大跨度建筑构造、工业化建筑构造4部分。

本书可作为全日制高等学校的建筑学、城市规划等专业的建筑构造课程教材，也可供从事建筑设计与建筑施工技术人员和土建专业成人高等教育师生参考。

此书得到重庆大学教材建设基金资助。

本书下册参加编写人员：

第1章　第1.1节　覃　琳　刘建荣（重庆大学建筑城规学院）
　　　　第1.2节　王雪松（重庆大学建筑城规学院）
　　　　第1.3节　刘建荣　王雪松（重庆大学建筑城规学院）
　　　　第1.4节　孙　雁（重庆大学建筑城规学院）
　　　　第1.5节　王雪松　刘建荣（重庆大学建筑城规学院）
　　　　第1.6节　翁　季　刘建荣（重庆大学建筑城规学院）
　　　　第1.7节　翁　季　刘建荣（重庆大学建筑城规学院）
第2章　第2.1节　翁　季（重庆大学建筑城规学院）
　　　　第2.2节　翁　季（重庆大学建筑城规学院）
　　　　第2.3节　孙　雁（重庆大学建筑城规学院）
　　　　第2.4节　孙　雁（重庆大学建筑城规学院）

第3章　第3.1节　刘建荣　熊洪俊（重庆大学建筑城规学院）
　　　　第3.2节　刘建荣　熊洪俊（重庆大学建筑城规学院）
　　　　第3.3节　刘建荣　覃　琳（重庆大学建筑城规学院）
第4章　刘建荣　周铁军　杜晓宇（重庆大学建筑城规学院）

本书由重庆大学李必瑜教授主审。翁季、梁锐、王雪松、覃琳、孙雁、杜晓宇、梁树英、李剑、孙威、应文、刘培、王永峰、庄宇、温泉等参加了下册的描图工作。

在编写过程中，承蒙有关院校和设计、施工单位大力支持，谨此表示感谢。

本书附网络下载资料，网址为 www.cabp.com.cn/td/cabp16923.rar

第三版前言

建筑业是国民经济中的重要支柱产业，在改革开放的 20 年中已经为国家创造了大量财富，为提高人民生活水平作出了巨大的贡献。建筑技术在这一时期也在发展进步，新材料、新结构、新技术在建筑中不断涌现。《建筑构造》教材应及时反映这种变化，去除陈旧的内容，补充新的理论和技术知识。但本书的内容体系未作大的变动，只在有些章节的顺序上进行了适当的调整。

全书仍分为上、下两册。上册以大量性民用建筑构造为主要内容，包括概论、墙体、楼板、装修、楼梯、屋顶、门窗、基础等 8 部分。下册以大型公共建筑构造为主要内容，包括高层建筑、装修、大跨度建筑、工业化建筑等 4 部分。

本书可作为全日制高等学校的建筑学、城市规划等专业的建筑构造课程教材，也可供从事建筑设计与建筑施工技术人员和土建专业成人高等教育师生参考。

本书下册参加编写人员：

第一章　第一节　张　洁　刘建荣（重庆大学建筑城规学院）
　　　　第二节　王雪松　（重庆大学建筑城规学院）
　　　　第三节　刘建荣　王雪松（重庆大学建筑城规学院）
　　　　第四节　孙　雁　（重庆大学建筑城规学院）
　　　　第五节　王雪松　刘建荣（重庆大学建筑城规学院）
　　　　第六节　翁　季　刘建荣（重庆大学建筑城规学院）
　　　　第七节　翁　季　刘建荣（重庆大学建筑城规学院）
第二章　第一节　杨金铎（北京建筑工程学院）
　　　　　　　　翁　季（重庆大学建筑城规学院）
　　　　第二节　杨金铎（北京建筑工程学院）
　　　　　　　　翁　季（重庆大学建筑城规学院）
　　　　第三节　孙　雁（重庆大学建筑城规学院）
　　　　　　　　杨金铎（北京建筑工程学院）
　　　　第四节　杨金铎（北京建筑工程学院）

　　　　　　　孙　雁（重庆大学建筑城规学院）
第三章　第一节　刘建荣　熊洪俊（重庆大学建筑城规学院）
　　　　第二节　刘建荣　熊洪俊（重庆大学建筑城规学院）
　　　　第三节　刘建荣　覃　琳（重庆大学建筑城规学院）
第四章　刘建荣　周铁军（重庆大学建筑城规学院）

　　本书由重庆大学李必瑜教授主审。翁季、梁锐、王雪松、李剑、孙威、应文、刘培、庄宇、温泉、王永锋等参加了下册的描图工作。

　　在编写过程中，承蒙有关院校和设计、施工单位大力支持，谨此表示感谢。

第二版前言

建筑业是国民经济的一个重要产业部门，担负着物质文明和精神文明建设的双重任务。建筑业的主要任务，是全面贯彻适用、安全、经济、美观的方针，为生产和城乡人民生活建造各类房屋、设施和相应的环境，并为社会创造财富，为国家积累资金。50年来，特别是近20年来建筑业已向全国城镇提供了大量的各类房屋建筑，展现了我国历史上空前的建设规模。随着大工业生产的发展，尤其是新型建筑材料的大量涌现，以及电脑技术在建筑中的运用，建筑科学技术有了很大的进步，并使建筑构造的内容发生了较大的变化。

本书力求从建筑构造理论原则和方法上对这些变化加以阐述，并从内容体系上作了一些新的尝试。目的在于更好地突出重点，便于读者掌握建筑构造这门学科的主要内容。

全书分为两册。上册以大量性民用建筑构造为主要内容，包括概论、墙体、楼板、装修、楼梯、屋顶、门窗、基础等8部分。下册以大型性建筑构造为主要内容，包括工业化建筑、高层建筑、大跨度建筑、装修等4部分。

本书可作为全日制高等学校的建筑学、城市规划等专业建筑构造课程教材，也可供从事建筑设计与建筑施工的技术人员和土建专业成人高等教育师生参考。

本书下册参加编写人员：

第一章　刘建荣　　　　　（重庆建筑大学）
　　　　周铁军　　　　　（重庆建筑大学）
第二章　第一、二、三、四、六、七、八节
　　　　林翔钦　　　　　（合肥工业大学）
　　　　刘建荣　　　　　（重庆建筑大学）
　　　　第五节
　　　　刘建荣　　　　　（重庆建筑大学）
　　　　王雪松　　　　　（重庆建筑大学）
　　　　林翔钦　　　　　（合肥工业大学）
第三章　杨金铎　　　　　（北京建筑工程学院）

第四章　第一、二节
　　　刘建荣　　　　（重庆建筑大学）
　　　第三节
　　　刘建荣　　　　（重庆建筑大学）
　　　覃　琳　　　　（重庆建筑大学）

　　本书由东南大学姚自君教授主审。翁季、梁锐、王雪松、李剑、孙威、应文、刘培参加了下册的描图工作。

　　在编写过程中，承蒙有关院校和各设计、施工单位大力支持，谨此表示感谢。

第一版前言

建筑业是国民经济的一个重要产业部门,担负着物质文明和精神文明建设的双重任务。建筑业的主要任务,是全国贯彻适用、安全、经济、美观的方针,为社会生产和城乡人民生活建造各类房屋建筑、设施和相应的环境,并为社会创造财富,为国家积累资金。40多年来,特别是近20年来建筑业已向全国城镇提供了大量的各类房屋建筑,展现了我国历史上空前的建设规模。建筑科学技术有了很大的进步,并使建筑构造的内容发生了较大的变化。

本书力求从建筑构造理论原则和方法上对这些变化加以阐述,并从内容体系上作了一些新的尝试。目的在于更好地突出重点,避免繁锁的资料罗列,便于读者掌握建筑构造这门学科的主要内容。

全书分为两册。上册以大量性民用建筑构造为主要内容,包括绪论、墙体、楼梯、装修、楼板、屋顶、门窗、基础等8部分。下册以大型性建筑构造为主要内容,包括工业化建筑、高层建筑、大跨度建筑、装修等4部分。

本书可作为全日制高(中)等学校建筑学、城市规划、室内设计、园林景观、交通土建等专业建筑构造课教材,也可供从事建筑设计与建筑施工的技术人员和土建专业成人高等教育师生参考。

本书下册参加编写人员:

第一章 刘建荣(重庆建筑大学)
 　　　周铁军(重庆建筑大学)
第二章 林翔钦(合肥工业大学)
 　　　刘建荣
第三章 杨金铎(北京建筑工程学院)
第四章 刘建荣
插　图 翁 季、梁 锐、王雪松、应 文

在编写过程中,承蒙有关院校和各设计、施工单位大力支持,谨此表示感谢。

目 录

第1章 高层建筑构造 ··· 1
  1.1 高层建筑概况 ·· 2
  1.2 高层建筑结构与造型 ·· 7
  1.3 高层建筑楼盖构造 ··· 21
  1.4 高层建筑设备层 ·· 25
  1.5 高层建筑外墙构造 ··· 27
  1.6 高层建筑地下室构造 ·· 46
  1.7 高层建筑的楼梯、电梯和防火要求 ·· 49

第2章 建筑装修构造 ··· 63
  2.1 墙面装修构造 ··· 64
  2.2 地面装修构造 ··· 76
  2.3 吊顶装修构造 ··· 83
  2.4 其他装修构造 ··· 96

第3章 大跨度建筑构造 ··· 107
  3.1 大跨度建筑结构形式与建筑造型 ·· 108
  3.2 大跨度建筑的屋顶构造 ··· 138
  3.3 中庭天窗设计 ··· 152

第4章 工业化建筑构造 ··· 173
  4.1 基本概念 ··· 174
  4.2 砌块建筑 ··· 175
  4.3 大板建筑 ··· 178
  4.4 装配式框架板材建筑 ·· 185
  4.5 大模板建筑 ·· 190
  4.6 其他类型的工业化建筑 ··· 194
  4.7 工业化建筑的标准化与多样化 ·· 201

参考文献 ·· 215

本书附教学资料，可以从www.cabp.com.cn/td/cabp 16923.rar 下载。

第1章 高层建筑构造

Chapter 1
Construction of High-rise Building

1.1 高层建筑概况

1.1.1 高层建筑发展的历史与现状

高层建筑是商业世界竞争和相互推进的结果。由于高度是声望和实力的象征，在商业活动的推动下，经济条件和科技条件的结合赋予了高层建筑特殊的建设背景。

高层建筑在整个经济比较发达的欧美国家中选择了在美国产生、发展和大量建造，有其特定的历史、经济和社会原因。在欧洲，由于法规不允许商业建筑将阴影投落在住宅和其他公共建筑上，二战以前没有商业高层建筑，整个欧洲地区很长时间内法规限制了建筑物的高度，并且，两次世界大战的破坏使欧洲缺少良好的外部环境。此外，处于对城市历史风貌的保护，除了法兰克福、鹿特丹等二战中毁坏程度较重的城市，欧洲大部分具有商业中心地位的城市在改造和发展中保持了谨慎和严格的高度控制标准。因此，高层建筑主要是伴随着美国城市的快速增长而成长的，在高层建筑的造型发展演变过程中，美国的高层建筑扮演了重要的角色。

美国高层建筑设计，始于19世纪芝加哥学派。1865年南北战争结束，芝加哥成为北方产业中心。1830年芝加哥设市以后，人口逐渐增加到30万，房屋建设只有采用应急而又便捷的"编篮式"木屋做法。木屋容易遭受火灾，1873年的一场大火，烧毁了市区面积8km² 的几乎所有建筑。1880年起全力进行重建，由于当时商业活动的大力扩展带来城市地价上涨和市区人口密集，建筑师迎合投资人的意愿，采用增加层数的方式以大量增加出租面积。高层结构形式受"编篮式"木构架的启发，使结构依附钢铁框架，铆接梁柱。同时，1853年奥蒂斯（OTIS）发明安全载客升降机，解决了垂直方向的交通问题。钢铁框架结构体系和电梯垂直交通方式为高层建筑产生发展奠定了必要的技术基础。1883～1885年间，詹尼设计了家庭保险公司大楼。这栋10层办公楼是世界上第一座钢铁框架结构的大楼，采用了生铁柱、熟铁梁、钢梁等，被公认为是现代建筑史上第一座真正意义上的高层建筑。加上芝加哥学派在高层建筑初期的重要影响，使芝加哥被称为高层建筑的故乡。

以美国为例，高层建筑的造型发展演变可以主要分为四个时期：芝加哥时期（1865～1893，约28年）、古典主义复兴时期（1893～世界资本主义大萧条前后，约36年）、现代主义时期（二战后～20世纪70年代，约40年）、后现代主义时期（20世纪70年代初至今）。芝加哥时期的高层建筑处于早期的功能主义时期。当时建造高层建筑首先考虑的是经济、效率、速度、面积，功能优先，建筑风格退居次要位置，基本不考虑建筑装饰。体型与风格大都是表达高层建筑骨架结构的内涵，强调横向水平的效果，普遍采用扁阔的大窗，即所谓"芝加哥窗"（图1-1a）。1893年芝加哥博览会后，高层建筑的发展中心逐渐转移到了纽约。与早期的功能主义体现的简洁外观相比，古典主义复兴时期的高层建筑试图在新结构、新材料的基础上将新的建筑功能与传统的建筑风格联系在一起，呈现出一种折中主义的面貌。其代表性建筑之一是克莱斯勒大厦（Chrysler Building，1930），大厦共77层，319.4m，在当时是公认的世界第一高楼，给人以突出印象的是它那布满齿轮的外形：顶部由5层向上逐层缩小的不锈钢拱门形成针形的尖塔，每层拱门上都设有锯齿形的三角窗，曲线形和锯齿形的结合表现了古代玛雅人和埃及的建筑风格（图1-1b）。1929年开始的经济大萧条影响到欧美国家的经济发展，并且一直持续到第二次大战后期。这段时期，美国的高层建筑几乎停滞，出现了空白。期间，密斯等一批建筑师移居美国，重古典雕饰的折中主义风格不适合战后恢复时期的建设，先由欧洲普及并深入到美国的"理性主义"带来了现代建筑的设计新形式。在高层建筑的设计方面，大致可以分为几个发展阶段：20世纪40年代末到50年代末，伴随工业技术的迅速发展，以密斯·凡·德·罗为代表的讲求技术精美的倾向占据了主导地位，简洁的钢结构国际式玻璃盒子到处盛行，如芝加哥湖滨公寓（1951，密斯设计，图1-1c）；随后，现代建筑以"粗野主义"（如勒·柯布西耶的马赛公寓大楼，图1-1d）和"典雅主义"（如雅马萨奇设计的已毁于2001年的一场巨大灾难中的纽约世界贸易中心双塔，图1-1e）为代表，进入形式上五花八门的发展时期，高层建筑的形式随之打破了一度时髦的单纯玻璃方盒子形象，对多种工业化造型手段都进行了尝试；60年代末以后，在现代建筑的主流下，建筑思潮向多元化发展，并与反基调的后现代主义建筑创作进入并行的共同发展时期。

随着结构技术和材料技术的发展，高层建筑在高度和造型上不断有新的突破。早期的高层建筑采用的是铸铁框架结构，这决定了早期的高层建筑体型只能是粗矮的墩形，难以实现细高的体型。随着建筑技术的不断发展，如新结构体系的出现、玻璃幕墙技术的完善、先进的电梯设备和水暖电设备的改进，使高层建筑的体型比例向细高发展，新奇的高层建筑形象得以不断创造。

在建筑高度上，有几栋具有里程碑意义的建筑：1931年在纽约的帝国州大厦（381m）、1973建成于纽约的世界贸易中心双塔（412m），以及1974年建成于芝加哥的西尔斯大厦（443m）。一方面，结构技术的迅速发展，为建筑高度的实现提供了可能。1973年建成的纽约世界贸易中心双塔打破帝国州大厦世界第一的纪录用了约40年的时间，而西尔斯大厦刷新这一记录只用了1年。目前世界上已经建成的最高建筑是台北的101金融大厦，建于2004年，508m。纽约世界贸易中心双塔原址的自由塔重建方案，按照美国建国年份1776来确定英尺高度，约540m，计划成为世界新高。但是，在建中的迪拜塔已经以其神秘的未知建成高度，预演了对世界新高的挑战。另一方面，由于现代建筑设备的引入和设备需求、公共空间尺度需求的发展，高层建筑总高度快速刷新的同时，建筑的总层数增长却趋于和缓。当然，一个比较有趣的争议，是关于建筑上部构筑体的高度是否应该纳入建筑总高。由于高层建筑顶部造型处理的多样性，单纯的建筑天线部分一般没有计入总高，而1996年落成的吉隆坡双塔大厦，因为其尖顶造型的高度而替代西尔斯大厦成为当时的世界新高，由此引起了对于高度标准的讨论。

在技术发展中，材料技术的发展在早期通过玻璃幕墙促进了国际式方盒子的流行。结构技术的表现也在高层建筑的发展中起到了重要的推动作用。环境观念

图 1-1 高层建筑典例

(a) 芝加哥百货公司大厦；(b) 克莱斯勒大厦；(c) 芝加哥湖公寓；(d) 马赛公寓；
(e) 纽约世界贸易中心塔楼；(f) 东京世纪塔；(g) 香港中银大楼；(h) 纽约汉考克大厦；
(i) 劳埃德大厦；(j) 香港汇丰银行；(k) 法兰克福商业银行；(l) 瑞典马耳摩的旋转高层住宅

和生态技术的发展，也使高层建筑设计更趋于人性化，关注使用环境的舒适和亲切，推动高层建筑向人性化、智能化、生态化方向发展。结构艺术风格、高技派以及生态型的高层设计，在多元化的建筑发展中日益引起更多的关注。图1-1（f）的东京世纪塔、图1-1（g）香港中银大楼和图1-1（h）纽约汉考克大厦都是属于高层建筑中结构艺术风格的代表；图1-1（i）劳埃德大厦、图1-1（j）香港汇丰银行则反映了高层建筑中高技派的趋向；图1-1（k）法兰克福商业银行是建筑史上公认的第一栋生态型高层建筑；图1-1（l）瑞典马耳摩的旋转高层住宅则是建筑师卡拉特拉瓦在高层建筑中利用结构体造型的新尝试，通过楼板逐层旋转的方式创造了高层建筑的新体型。

中国的高层建筑在20世纪80年代后发展迅速，在建设规模和建筑高度上，其发展速度都十分惊人。在香港、上海、深圳等城市，高层建筑受益于经济的发展而快速、高密度发展。由于设计市场全球化的影响，国际建筑事务所越来越广泛地参与我国的大型公共建筑设计，设计理念的交流与冲击日益频繁。在目前全球排前10位的高层建筑中，中国两岸三地占有7个席位。图1-2为当前已经建成的世界十大高层建筑。

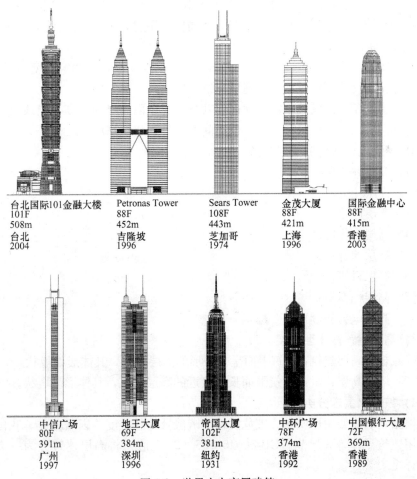

图1-2 世界十大高层建筑

1.1.2 高层建筑的分类

1）高层建筑按层数及高度分类

目前世界各国对高层建筑的划分标准均不一致，各国根据本国的具体情况，各自有不同的规定。

联合国教科文组织所属世界高层建筑委员会建议按高层建筑的高度分四类：

第一类：　　　9～16 层　　　（最高到 50m）
第二类：　　　17～25 层　　　（最高到 75m）
第三类：　　　26～40 层　　　（最高到 100m）
第四类：　　　40 层以上　　　（即超高层建筑）

目前，我国对高层建筑的定义有以下规定：

(1)《高层民用建筑设计防火规范》GB 50045—95（2005 版）中规定，10 层及 10 层以上的居住建筑（包括首层设置商业服务网点的住宅）和建筑高度超过 24m 的公共建筑为高层建筑。

(2)《高层建筑混凝土结构技术规程》JGJ 3—2002 中规定："本规程适用于 10 层及 10 层以上或房屋高度超过 28m 的高层民用建筑……。"按此规定即 10 层起算高层建筑。

(3) 我国《民用建筑设计通则》GB 50352—2005 规定：建筑高度超过 100m 时，不论住宅及公共建筑均为超高层建筑。

(4) 建筑高度：建筑物室外地面到其檐口或屋面面层的高度，屋顶上的水箱间、电梯机房、排烟机房和楼梯出口小间等不计入建筑高度。

2）高层建筑按功能要求分类

(1) 高层办公楼；
(2) 高层住宅；
(3) 高层旅馆；
(4) 高层商住楼；
(5) 高层综合楼；
(6) 高层科研楼；
(7) 高层档案楼；
(8) 高层电力调度楼。

3）高层建筑按体型分类

(1) 板式高层建筑：建筑平面呈长条形的高层建筑，其体形如板状。
(2) 塔式高层建筑：建筑平面长宽接近的高层建筑，其体形呈塔状。

4）按防火要求分类

根据建筑物使用性质、火灾危险性、疏散及扑救难度等因素分类。我国《高层民用建筑设计防火规范》GB 50045—95（2005 版）将高层建筑分为一类和二类，详见表 1-1。

第1章 高层建筑构造

高层建筑分类　　　　　　　　　表 1-1

名　称	一　类	二　类
居住建筑	高级住宅 19 层及 19 层以上的普通住宅	10～18 层的普通住宅
公共建筑	1. 医院 2. 高级旅馆 3. 建筑高度超过 50m 或每层建筑面积超过 1000m^2 的商业楼、展览楼、综合楼、电信楼、财贸金融楼 4. 建筑高度超过 50m 或每层建筑面积超过 1500m^2 的商住楼 5. 中央级和省级（含计划单列市）广播电视楼 6. 厅局级和省级（含计划单列市）电力调度楼 7. 省级（含计划单列市）邮政楼、防灾指挥调度楼 8. 藏书超过 100 万册的图书馆、书库 9. 重要的办公楼、科研楼、档案楼 10. 建筑高度超过 50m 的教学楼和普通的旅馆、办公楼、科研楼、档案楼等	1. 除一类建筑以外的商业楼、展览楼、综合楼、电信楼、财贸金融楼、商住楼、图书馆、书库 2. 省级以下的邮政楼、防灾指挥调度楼、广播电视楼、电力调度楼 3. 建筑高度不超过 50m 的教学楼和普通的旅馆、办公楼、科研楼、档案楼等

1.1.3 高层建筑发展中存在的问题

高层建筑丰富城市空间，节约用地，综合适用，促进新型材料，新型结构的发展，也促进建筑技术迅猛发展，形成了规模巨大的城市综合体。但是，随着建筑环境尺度的增长，高层建筑与城市环境之间的相互作用日益密切。高层建筑作为巨大的人工构筑环境，对建设基地原有的生态环境带来的影响是不容忽视的问题——阳光、阴影、改变高层周围的气流、与环境相协调（指地形、地貌、景观、周围建筑等）等各方面，都迫使城市建设法规和建筑师的设计策略作出响应。随着国际式方盒子迅速流传的玻璃幕墙，在响应建筑外墙工业化的同时，也带来了城市风貌特色的缺失。并且，大规模的玻璃幕墙所带来的光污染和建筑节能的难题，正逐渐被设计者、使用者和管理部门所重视。使用者的心理舒适度需求也对高层建筑的环境控制提出更多的要求，需要高层建筑向人性化、自然化方向发展。这些城市与建筑的矛盾、建筑与使用者的关系，促使设计者不断地研究，为解决矛盾而努力。而这一切努力，也势必为高层建筑设计的良性、健康发展起到积极的作用。

1.2 高层建筑结构与造型

高层建筑造型设计与技术密切相关，在满足使用功能的基础上，还必须综合考虑各技术工种的要求，特别是对高层建筑的受力特点和结构选型有整体的认识，以便在建筑方案构思阶段提出较为合理的造型设想。进一步而言，结构构思也可上升为高层建筑造型设计的基点和灵感源泉。

高层建筑结构形式，应根据房屋性质、层数、高度、荷载作用、物质技术条件等因素综合加以选择。

1.2.1 以建筑材料来划分高层建筑的结构形式

1）砌体结构

普通砌体结构承载力较低、自重大、抗震性能差，在我国主要用于多层民用建筑和单层厂房。

配筋砌体结构的出现改变了无筋砌体承载力低、延性差的缺点，使其受力性能大为改善，并扩大了它的应用范围。由于配筋砌体结构具有节省钢材、降低工程造价等优势，因而在国外特别是在美国得到了广泛的应用，美国已建造了大量的配筋砌块中高层建筑。我国也建成了一些配筋砌体结构高层建筑，层数已达18层。

2）钢筋混凝土结构

同砌体结构相比，钢筋混凝土结构具有承载力高、刚度好、抗震性好等优点，且其耐火性能、耐久性能良好，材料的来源也很丰富，因此，它仍然是目前我国高层建筑中运用最为广泛的结构形式。

但钢筋混凝土结构自重大，构件断面大，施工周期较长且施工过程中湿作业多，其主要建筑材料基本不可再生循环，对环境的负面影响较大。因此，我国也在积极发展和应用钢结构及钢—混凝土混合结构等结构形式。

3）钢结构

在高层建筑的发展初期，钢结构是主要的结构形式，至今也是西方国家高层建筑普遍采用的结构形式。钢结构体系具有自重轻、构件断面小，安装简便、施工周期短、抗震性能好、环境污染小等综合优势，从环境的观点看，普遍认为它是对环境影响最小的结构形式之一。但钢结构用钢量大、耐火性能差、造价较高，其选择应遵循经济、性能、技术综合评价的原则。

从20世纪80年代以来，我国大力发展钢结构，在内地建成及在建的高层钢结构建筑已有40多幢，总面积约320万 m^2，具有长远的发展潜力。

4）钢—混凝土混合结构

钢结构具有截面小、工期短、使用空间大等优点；钢筋混凝土结构具有刚度大、用钢量小、造价低、防火性能好等优点。钢—混凝土混合结构一般是指由钢筋混凝土筒体或剪力墙以及钢框架组成抗侧力体系，以刚度很大的钢筋混凝土部分承受风力和地震作用，钢框架主要承受竖向荷载，这样可以充分发挥两种结构材料各自的优势，达到良好的技术经济效果。

同钢结构相比，钢—混凝土混合结构用钢量省、造价较低，更适合我国国情。

1.2.2 高层建筑结构体系

1）高层建筑的结构受力特征

高层建筑整个结构的简化计算模型就是一根竖向悬臂梁，受竖向荷载和水平荷载的共同作用。

高层建筑结构分水平、竖向承重结构，水平承重结构主要承担风荷载和水平地震作用，竖向承重结构主要承担以重力为代表的竖向荷载。在低层建筑中，一般是竖向荷载控制着结构设计；在高层建筑中，尽管竖向荷载仍对结构设计产生重要影响，但水平荷载却往往起着决定性的作用。随着建筑层数的增多、建筑高度的增加，水平荷载更加成为结构设计的控制因素。

高层建筑结构设计不仅要求结构有足够的承载力，还要有足够的抗推刚度，使结构在水平荷载作用下的侧移被控制在一定限度之内，这是因为侧移与高层建筑的安全和使用都有密切关系。

高层建筑的抗震设计要求建筑物达到"小震不坏、大震不倒"的标准。这就要求结构具有一定的塑性变形能力，即结构的延性。为了使结构具有较好的延性，需要从结构材料、结构体系、结构总体布置、构件设计、节点连接构造等方面采取恰当的措施来保证。

2) 高层建筑结构体系分类

由于水平荷载成为高层建筑结构设计的控制因素，所以需要设置抵抗水平荷载的抗侧力体系，它应有足够的强度、刚度和延性。根据抗侧力体系各自的特点，又形成了不同的高层建筑结构体系。其基本体系可分为纯框架体系、纯剪力墙体系和筒体体系。

(1) 纯框架体系

• 结构特征及适用范围　整个结构的纵向和横向全部由框架单一构件组成的体系称为纯框架体系，如图 1-3 所示。框架既负担重力荷载，又负担水平荷载。在水平荷载作用下，该体系强度低、刚度小、水平位移大，称为柔性结构体系。

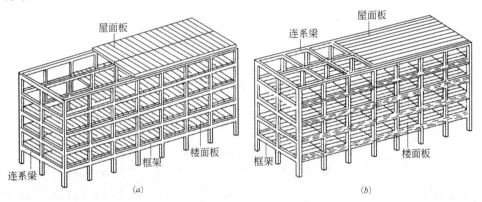

图 1-3　纯框架体系示意
(a) 纵向框架体系；(b) 横向框架体系

纯框架体系在高烈度地震区不宜采用，目前，主要用于 10～12 层左右的商场、办公楼等建筑。如果过高，就要靠加大梁、柱截面来抵抗水平荷载，从而导致结构的不经济。该体系的优点是建筑平面布置灵活，可提供较大的内部空间，使建筑平面布置受限制较少。

• 柱网布置及尺寸　框架梁、柱的截面常为矩形，也可根据需要设计成 T 形、I 形及其他形状。为了提高房屋净高，框架梁可设计成花篮形截面。

柱网布置应满足使用要求，并使结构布置合理、受力明确、施工方便，在经过综合经济、性能、技术比较后，选择合适的柱网。纯框架体系根据楼板布置的不同又可分为横向框架承重、纵向框架承重和纵横向框架承重，如图 1-4 所示。

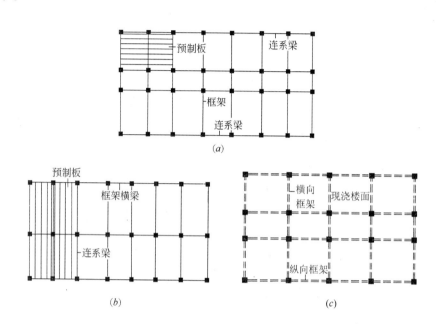

图 1-4 纯框架体系分类
(a) 横向框架承重；(b) 纵向框架承重；(c) 纵横向框架承重

根据我国国情，框架梁的跨度在 4~9m 之间，过大过小都不经济。梁截面高度(h)可根据梁跨度(L)来估算，一般 $h=(1/15~1/10)L$。梁宽度 $b=(1/2~1/3)h$，但不宜小于 200mm。柱截面高度(h)一般不宜小于 300mm(矩形截面)或 350mm(圆形截面)，柱截面的高宽比不大于 3。

(2) 纯剪力墙体系

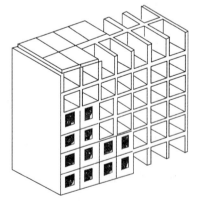

图 1-5 纯剪力墙体系示意

• 结构特征及适用范围 所谓剪力墙体系，是指该体系中竖向承重结构全部由一系列横向和纵向的钢筋混凝土剪力墙所组成，如图 1-5 所示。剪力墙不仅承受重力荷载作用，而且还要承受风、地震等水平荷载的作用，该体系侧向刚度大、侧移小，属于刚性结构体系。

从理论上讲，该体系可建造上百层的民用建筑(如朝鲜平壤的柳京大厦)，但从技术经济的角度来看，地震区的剪力墙体系一般控制在 35 层、总高 110m 为宜。由于剪力墙的间距比较小，一般为 3~6m，所以建筑平面布置不够灵活，使用受到限制。像高层公寓、高层宾馆等空间要求较小、分隔墙较多的建筑比较适合采用这种体系。近年来，随着结构水平的不断提高，剪力墙的间距逐步扩大为 6~8m，从而使剪力墙体系在高层住宅、高层办公建筑中也获得更多的应用。

第1章 高层建筑构造

• **剪力墙结构布置** 剪力墙结构中,剪力墙宜双向布置,在抗震设计中必须沿双向布置,应避免仅单向有墙的结构布置形式。剪力墙宜自下到上连续布置,避免刚度突变。剪力墙上的门窗洞口宜上下对齐,成列布置,尽量避免不规则洞口的出现。

纯剪力墙结构布置中根据剪力墙的方向可分为横向布置剪力墙、纵向布置剪力墙及纵横向布置剪力墙,如图1-6所示。横向布置剪力墙结构刚度好,但空间小,多用于高层住宅和旅馆;纵向布置剪力墙可以获得较大的空间,但结构刚度差;纵、横向布置剪力墙结构整体刚度均匀,具有更强的适应力。

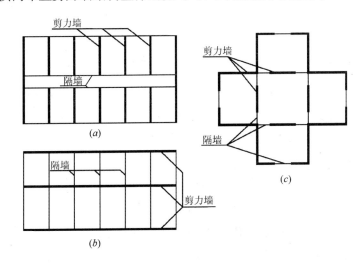

图1-6 纯剪力墙体系分类
(a)横向剪力墙布置;(b)纵向剪力墙布置;(c)纵、横向剪力墙布置

(3)筒体体系

• **结构特征及适用范围** 筒体结构由框架或剪力墙合成竖向井筒,并以各层楼板将井筒四壁相互连接起来,形成一个空间构架。筒体结构比单片框架或剪力墙的空间刚度大得多,在水平荷载作用下,整个筒体就像一根粗壮的拔地而起的悬臂梁把水平力传至地面。筒体结构不仅能承受竖向荷载,而且能承受很大的水平荷载。另外,筒体结构所构成的内部空间较大,建筑平面布局灵活,因而能适应多种类型的建筑。

筒体可分为实腹式筒体和空腹式筒体,由剪力墙围合成的筒体称为实腹式筒体,或称墙式筒体(墙筒),由密集立柱围合成的筒体则称为空腹式筒体,或称框架式筒体(框筒)。

单个筒体很少独立使用,一般是多个筒体相互嵌套或积聚成束使用(如筒中筒结构、束筒结构等),或者是与框架等结构结合使用(如框架—筒体结构),如图1-7所示。

• **筒体结构布置要点** 筒体结构常用的平面形状有圆形、方形和矩形,也可用于椭圆形、三角形和多边形等。在矩形框筒体系中,长、短边长度比值不宜大于1.5。框筒柱距不宜大于3m,个别可扩大到4.5m,但一般不应大于层高。

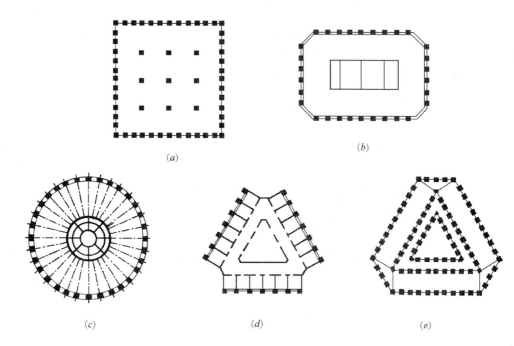

图 1-7 筒体体系示意

(a) 方形外筒内框；(b) 矩形内筒外框架；(c) 圆形筒中筒；(d) 三角形内筒外剪力墙；(e) 多边形筒中筒

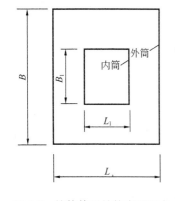

图 1-8 筒体体系结构布置要点

横梁高度在 0.6～1.5m 左右。在筒中筒结构中，为保证外框筒的整体工作，开窗面积不宜大于 50%，不得大于 60%。为保证内外筒的共同工作，内筒长度 L_1 不应小于外筒长度 L 的 1/3；同样，内筒宽度 B_1 也不应小于外筒宽度 B 的 1/3，如图 1-8 所示。

（4）体系组合

根据建筑功能的需要和结构受力的特点，可将上述基本体系重新组合，形成框支剪力墙、框架—剪力墙、框架—筒体、筒中筒、束筒等结构体系。

• 框支剪力墙体系：

a. 结构特征及适用范围　该体系在高层旅馆、高层综合楼中运用较多。它们共同的特征就是建筑上部为客房、住宅等小空间；底部为商场、门厅、地下车库等大空间。因此建筑上部采用剪力墙结构，下部采用框架体系来满足建筑功能对空间使用的要求，这就形成了框支剪力墙体系，如图 1-9 所示。

该体系上部刚度大、底部刚度小，上下刚度在交接处产生突变。在设计时，应注意增加底部框架的刚度和承载力，缩小建筑上下的刚度差距。通常将上部结构中的一部分剪力墙延伸至底部大空间，以增加下部结构的刚度。为了方便建筑平面布置，落地剪力墙可集中布置在大空间区域的两端或形成较为独立的区域。

b. 工程实例　中国大饭店总建筑面积约 9.5 万 m²，地上 21 层，地下两层，高 76m。建筑平面为东西长 117m，南北宽 21m 的弧形建筑，底层层高为 6m，

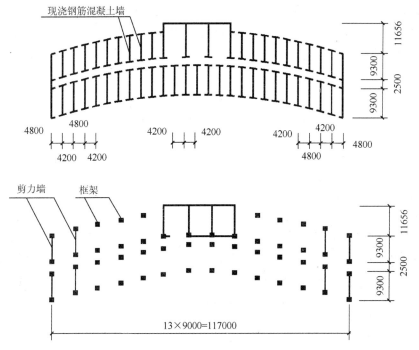

图 1-9 北京中国国际贸易中心中国大饭店（单位：mm）

标准层层高为 2.95m。该大楼按 8 度抗震设防。主体结构采用框支剪力墙体系，4 层以上为钢筋混凝土横向剪力墙体系，3 层以下为框—墙体系，第 4 层楼板为转换层楼盖，并在房屋的两端各设置两道加厚的钢筋混凝土落地墙。

- 框架—剪力墙体系：

a. 结构特征及适用范围　框架—剪力墙体系，是在框架体系的基础上增设一定数量的纵、横向剪力墙，并与框架连接而形成的结构体系，如图 1-10 所示。建筑的竖向荷载由框架柱和剪力墙共同承担，水平荷载则主要由刚度较大的剪力

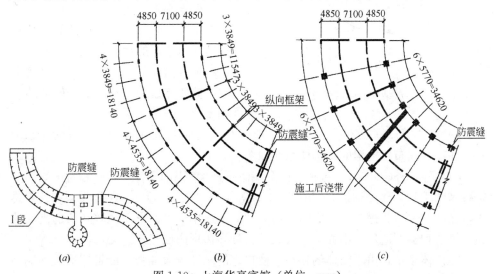

图 1-10　上海华亭宾馆（单位：mm）

(a) 建筑平面；(b) Ⅰ段标准层结构平面；(c) Ⅰ段 1~4 层结构平面

墙来承受。该体系将框架体系和剪力墙体系结合起来，融为一体，取长补短，使整个结构体系的刚度适当，并能为建筑设计提供较大的自由度。所以，在高层建筑的各种结构体系之中，该体系经济有效、应用范围广。与框架结构相比，它能用于层数更多的高层建筑。

在框架—剪力墙体系中，框架结构的布置方法和纯框架结构相同，剪力墙的布置应符合以下原则：

a) 剪力墙是该体系中的主要抗震构件，应沿建筑平面的两个主轴方向布置，保证可以承担来自任何方向的水平地震作用。

b) 剪力墙的数量要适当。过多，刚度太大，不经济；过少，刚度不足，不符合设计要求。

c) 每个方向剪力墙的布置均应尽量做到分散、均匀、周边、对称四准则。

b. 工程实例　华亭宾馆主楼建筑面积达 8 万多 m^2，地下一层，地上 29 层，总高 90m。平面是由两段弯曲方向相反的圆弧所组成的 S 形。抗震设防烈度为 6 度。主楼 6 层以上为客房，5 层为技术设备层，4 层以下为公用部分。主体结构采用以纵、横承重墙为主，纵向框架为辅的框架—剪力墙体系。

• 框架—筒体体系：

a. 结构特征及适用范围。由筒体和框架共同组成的结构体系称为框架—筒体体系，如图 1-11 所示。筒体是一个立体构件，具有很大的抗推刚度和承载力，作为该体系的主要抗侧力构件，承担绝大部分的水平荷载。而框架主要承担重力荷载。从建筑平面布置来看，通常将所有服务用房和公用设施都集中布置于筒体内，以保证框架大空间的完整性，从而有效地提高建筑平面的利用率。

根据筒体的数量和位置，可将框架—筒体体系分为核心筒—框架体系和多筒—框架体系两类。

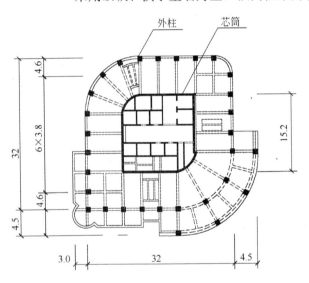

图 1-11　潮汕大厦 8~25 层结构平面（单位：m）

a) 核心筒—框架体系：核心筒—框架体系是指将筒体布置在建筑的核心部分，并在外围布置框架的结构体系，如图 1-11 所示。

b) 多筒—框架体系：包括①两个端筒＋框架（图 1-12）；②核心筒＋端筒＋框架（图 1-13）；③核心筒＋角筒＋框架等类型（图 1-14）。第①种类型的特点是可以在建筑中部获得开敞大空间，第②种类型适用于平面形状比较狭长的高层建筑，第③种类型适用于平面尺寸较大的各种多边形高层建筑。

在该体系中，由于筒体的存在，使得它的刚度大大加强，能抵抗更大的侧向力的作用。同时，该体系能充分有效地利用建筑面积，具有良好的技术经济指

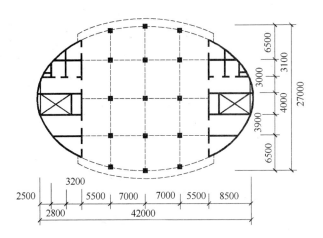

图 1-12 兰州工贸大厦标准层结构平面（单位：mm）

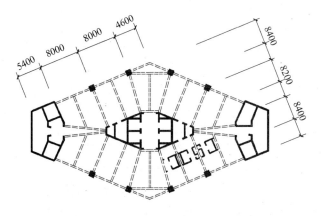

图 1-13 深圳北方大厦标准层结构平面（单位：mm）

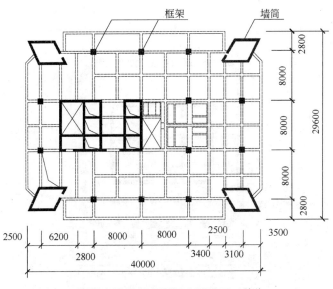

图 1-14 深圳中国银行大厦标准层平面（单位：mm）

标。其中，核心筒—框架体系主要用于平面形状比较规整，并采用核心式建筑平面布置的方案。而多筒—框架体系有多个筒体，适应力更强，但平面利用率也会因多个筒体而有所降低。

b. 工程实例　潮汕大厦采用圆角方形平面，总建筑面积 62900m²，主楼地下两层，地上 38 层，总高 137.6m，抗震设防烈度为 7 度，采用核心筒—框架体系，如图 1-11 所示。

- 筒中筒体系：

a. 结构特征及适用范围　由两个及两个以上的筒体内外嵌套所组成的结构体系，称为筒中筒体系。根据筒体嵌套数量的不同，又分为二重筒体系、三重筒体系等，如图 1-15 所示。在钢筋混凝土高层建筑中，核心筒一般布置成辅助房间和交通空间，多采用实腹墙筒，外筒一般都是采用由密柱深梁型框架围成的空腹框筒，以满足建筑设计的需要。

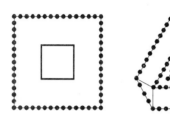

图 1-15　多重筒体系示意

筒中筒结构形成的内部空间较大，加上其抗侧力性能好，特别适用于建造办公、旅馆等多功能的超高层建筑。一般情况下，该体系用于 30 层以下的建筑是不经济的，也是不必要的。在筒中筒体系中，由于是几重筒体的共同工作，故它比单筒的抗侧力水平力要强得多。一般来讲，外圈的框筒具有很大的整体抗弯能力，但它的抗剪能力不高；内圈的墙筒抗弯能力比框筒小，但它的抗剪能力很强。二者配合，相得益彰。结构设计的要点是加强几重筒体之间的协同作用。

b. 工程实例　广东国际大厦主楼采用方形平面，地下两层，地上 62 层，高 196m。采用筒中筒结构体系，内筒为实腹墙筒、外筒为空腹框筒。角柱采用八

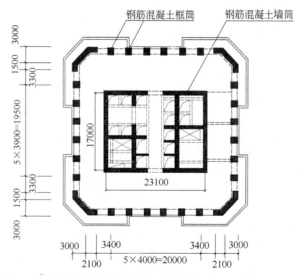

图 1-16　广东国际大厦主楼标准层结构平面（单位：mm）

字形截面，加强了角部的整体性。楼板采用220mm厚无粘结预应力平板，层高仅为3m。

- 束筒体系

a. 结构特征及适用范围　束筒体系是由两个及两个以上框筒并列连接在一起的结构体系，束筒中的每一个框筒单元，可以是圆形、方形、矩形、三角形、梯形、弧形或其他任何形状，而且每一个单筒都可以根据实际需要，在任何高度处终止，而不影响整个结构体系的完整性，如图1-17所示。

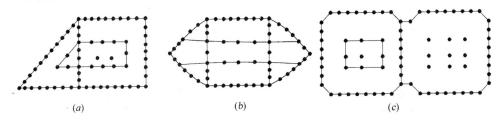

图1-17　采用框筒束的复杂建筑平面

和框筒体系相比，束筒体系在抗弯能力、抗剪能力和侧向刚度方面均得到较大提高。而且，束筒体系建筑设计更加灵活多变，应用范围也更广。一方面，它适用于各种平面形式，而框筒体系一般要求平面形状具有双对称轴，所以平面形状以圆形、方形、正多边形为多。另一方面，它对形体的制约也较少，例如在框筒体系中，矩形平面长边和短边之比应不大于1.5，并且边长不大于45m，而束筒体系则没有此限制，而且它的立面开洞率比框筒体系要大，这就为建筑造型创造了更好的条件。一般来说，框筒束体系可用于高烈度区110层以下的高层建筑。

b. 工程实例　美国芝加哥西尔斯大厦，108层，高443m，建筑底层平面尺寸为68.6m×68.6m，高宽比为6.5，采用钢框筒束体系。

该建筑所采用的框筒束体系的构成是：在外圈大框筒的内部，按井字形，沿纵、横两个方向各设置两榀密柱型框架，将一个大框筒分隔成9个并联的子框筒，每个子框筒的平面尺寸均为22.9m×22.9m，内、外框架的柱距均采用4.57m。按照各楼层使用面积向上逐渐减少的要求，到第51层时，减去对角线上的两个子框筒；到第67层时，再减去另一对角线上的两个子框筒；第91层以上，再减去三个子框筒，仅保留两个子框筒到顶，如图1-18所示。

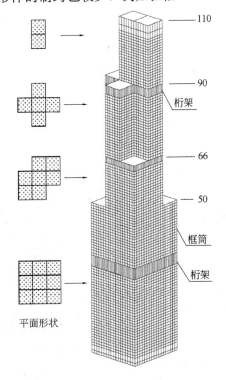

图1-18　西尔斯大厦结构示意

1.2.3 高层建筑结构的发展趋势与建筑造型

虽然，对于高层建筑存在很多争论，但由于世界人口不断增加，可利用土地资源不断减少，高层建筑并未停止它前进的步伐，特别是在发展中国家，这一趋势更加明显。

在21世纪，高层建筑继续向着更高的高度，更大的体量和更加综合的功能发展，对高层建筑结构提出了更高的要求。在确保结构安全的前提下，为了进一步节约材料和降低造价，结构设计概念在不断更新，呈现出以下几种发展趋势。

1）竖向抗推体系支撑化、周边化、空间化

由于水平荷载成为高层建筑结构设计的控制性因素，所以它要解决的核心问题是建立有效的竖向抗推体系，以抵抗各种水平力。在高层建筑抗推体系的发展过程中有一个从平面体系发展到立体体系的演化过程，即从框架体系到剪力墙体系，再到筒体体系。

但随着建筑高度的不断增加，体量的不断加大以及建筑功能的日趋复杂，即使是空心筒体体系也满足不了高层建筑不断发展的要求。特别是当建筑平面尺寸较大，或柱距较大时，它的受力性能就大为减退。为改善这一情况，在框筒中增设支撑（图1-19），或斜向布置抗剪墙板（图1-20），成为强化空心筒体的有力措施。美国芝加哥翁泰雷中心（图1-21）就是结构支撑化的典型范例。

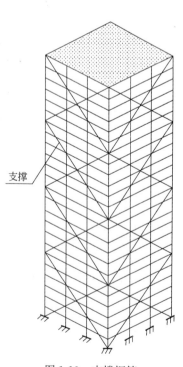

图1-19 支撑框筒

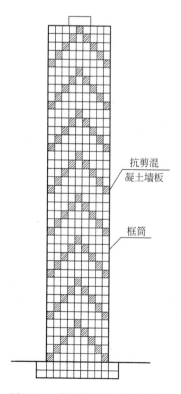

图1-20 带抗剪墙板的框筒体系

过去的高层建筑常将抗推构件布置在建筑物中心或分散布置,由于高层建筑的层数多、重心高,地震时很容易发生扭转。而上述布置方式抗扭能力差,现在高层建筑抗推构件的布置逐渐转向沿房屋周边布置,以便能提供足够的抗扭力矩。此外,还出现了另一种趋势,即把抵抗倾覆力矩的构件,向房屋四角集中,在转角处形成一个巨柱,并利用交叉斜杆连成一个立体支撑体系,由于巨大角柱在抵抗任何方向倾覆力矩时都具有最大的力臂,从而更能充分发掘结构和材料的潜力。同时,构件沿周边布置还可以形成空间结构,能抵抗更大的倾覆力矩。贝聿铭设计的香港中国银行大厦就是此种趋势的反映,如图1-22所示。

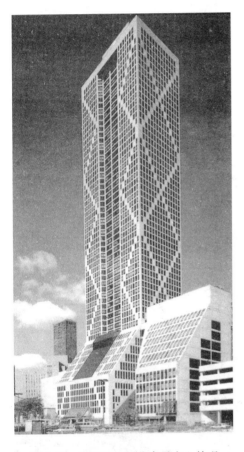

图1-21 美国芝加哥翁泰雷中心外观　　图1-22 香港中国银行大厦外观

2) 建筑体型的革新变化

过去的高层建筑的体型比较规则单一,被人们俗称为方盒子,而现在高层建筑的体型是越来越丰富了,这是来自城市规划和建筑造型的需要,而且结构分析水平的提高也为此提供了有力的保障,最后,超级高层建筑的出现为建筑体型的革新变化提供了机遇。

日本东京拟建的 Millennium Tower (图1-23),高800m,采用圆锥状体形,底面周长600m,可容纳5万居民,由英国建筑师福斯特(Norman. Foster)进行方案设计。圆锥体造型在高层建筑结构上有突出的优点:①具有最小的风荷载体型系数；②上部逐渐缩小，减少了上部的风荷载和地震作用，从而缓和了超高层建筑的倾覆问题；③倾斜外柱轴向力的水平分力，可以部分抵消水平荷载。

联体高层建筑在国内外都得到较多的采用。如马来西亚佩重纳斯双塔（图1-24）、日本大阪梅田大厦（图1-25）、中国深圳佳宁娜广场（图1-26）和中国上海证券大厦（图1-27）等。

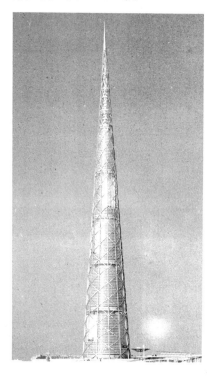

图1-23　日本东京拟建的Millennium Tower外观

图1-24　马来西亚佩重纳斯双塔外观

图1-25　日本大阪梅田大厦外观

图1-26　中国深圳佳宁娜广场外观

联体结构将各独立建筑通过连接体构成一个整体，使高层建筑结构特征由竖向悬臂梁改变成为巨型框架，从而刚度得到提高，侧移减小。联体高层建筑适合于将体型、平面和刚度相同或相近的独立结构连接成整体，宜采用双轴对称的形式，连接部分与主体之间宜采用刚性连接，并加强连接部分的构造措施。

3) 轻质高强材料的运用

随着建筑高度的增加，结构面积所占的比例愈来愈大，建筑经济性的问题突出。同时，建筑越高、自重越大，引起的水平地震作用就越大，对高层建筑结构十分不利。而且，过于笨重的结构构件也限制了建筑师创作的自由、影响了建筑的美观。因此，在高层建筑中采用各种高强材料（如高强钢、高强混凝土等）和各种轻型材料（如轻骨料混凝土、轻型隔墙、轻质外墙板等）已越来越多。

从高强混凝土的使用情况来看，国外高强混凝土的应用较早，混凝土的强度等级已经达到C80～C120。在型钢混凝土结构中，强度可以达到C135。在一些特殊工程中，甚至采用了C400的高强混凝土。如在美国西雅图市的联合广场2号大楼（Two Union Square，1990年）采用了钢

图1-27 中国上海证券大厦外观

管混凝土柱，其直径3.05m的钢柱内就填充了C135的高强混凝土。国内高强混凝土的运用较晚，但发展很快，在已建成20～30余座高层建筑中，采用了C60～C80的高强混凝土。深圳的贤成大厦、广州的中天广场和上海的金茂大厦都采用了C60的高强混凝土。

除高强混凝土外，轻骨料混凝土和高性能混凝土也是结构材料的发展方向。如美国休斯敦贝壳广场1号大厦（One Shell Plaza），高218m，52层，1971年建成，采用的轻质高强混凝土的重度仅为$18kN/m^3$，折算为荷载大约是$6kN/m^2$，比我国高层建筑混凝土自重（$15～18kN/m^2$）轻一倍以上。

1.3 高层建筑楼盖构造

在高层建筑中，楼盖不仅是支撑重力荷载的结构构件，也是传递水平力，以保证各种抗侧力构件协同工作的重要构件。楼盖结构不仅应满足承载力、刚度以及传递水平力的需要，还要满足建筑使用功能和内部空间的要求。同时，它还与楼层的净空高度、建筑层数及总建筑高度密切相关，还应满足建筑防火的要求并方便各种设备管线的安装。

1.3.1 高层建筑楼盖结构形式

高层建筑常用楼盖结构形式有：肋梁楼盖结构、无梁楼盖结构、叠合板楼盖

结构和压型钢板组合楼盖结构等。

肋梁楼盖由主、次梁和楼板组成，楼板可以是单向板也可以是双向板，通常采用现浇板，也可采用预制板和装配整体式楼板。当肋距在0.9~1.5m，并采用现浇板时，就成为密肋楼盖，它又为可分为单向密肋楼盖和双向密肋楼盖，主要适用于中等或大跨度的公共建筑。普通混凝土密肋楼盖跨度不大于9m，预应力混凝土密肋楼盖跨度不大于12m。

无梁楼盖没有梁，现浇板直接支撑在竖向结构构件上。根据结构和建筑的需要可以设计成有柱帽和无柱帽的形式。普通混凝土无梁楼盖有柱帽时跨度不宜大于9m，无柱帽时跨度不宜大于7m，预应力混凝土无梁楼盖跨度不宜大于12m。由于无梁楼盖的板、柱节点抗震性能差，所以常应用于带有剪力墙的板柱结构和板柱筒体结构中。

叠合板楼盖宜采用预制的预应力薄板作为叠合板的底板，并兼作底模，与上部现浇层共同工作形成叠合式楼盖。叠合板楼盖的最大跨度可达到7.5m，适用于有抗震设防和非抗震设防设计的高层建筑。但预制预应力薄板叠合板楼盖不适用于有机器设备振动的楼盖。

在高层建筑中，一般楼层现浇楼板厚度不应小于80mm，当板内需要敷设管线时，板厚不宜小于100mm，顶层楼板厚度不宜小于120mm，转换层楼板不宜小于180mm。

1.3.2 压型钢板组合楼盖

压型钢板组合楼盖是以截面为凹凸形的压型钢板为底板，并在其上现浇混凝土面层组合形成的，如图1-28所示。

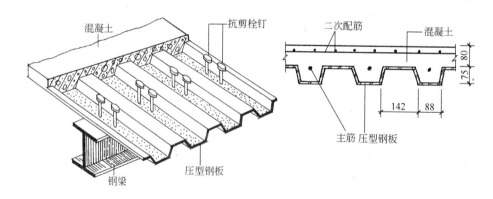

图1-28 压型钢板组合楼盖示意（单位：mm）

压型钢板组合楼盖在钢结构高层建筑及钢—混凝土混合结构高层建筑中应用广泛，它的主要特点是：适应主体钢结构快速施工的要求，不需要再设置模板体系，便于在板内敷设设备管线，但造价会有一定程度的增加，且解决压型钢板的防腐、防火问题也会增加投资。

根据受力特点，压型钢板—现浇混凝土组合楼盖有两种：压型钢板起受拉筋作用并与混凝土组合一起共同工作的组合板，压型钢板仅作为现浇混凝土时用的永久性模板的非组合楼板。自20世纪80年代以来，我国高层钢结构建筑中也开始采用压型钢盖组合楼盖。但目前国内钢结构高层建筑主要采用非组合楼盖，是因为受到国内生产压型钢板材料性能的限制，以及组合楼盖防火的费用较高的原因。

压型钢板组合楼板与钢梁之间，以及压型钢盖与现浇混凝土层之间必须有可靠的连接，以保证在水平荷载作用下的协同工作，主要的连接方式有：①依靠压型钢板的纵向波槽，如图1-29(a)所示；②依靠压型钢板上的压痕，开的小洞等，如图1-29(b)所示；③依靠压型钢板上焊接的横向钢筋，如图1-29(c)所示；④在任何情况下，均应设置端部锚固件，如1-29(d)所示。常采用抗剪栓钉，焊接在钢梁和压型钢板上，将钢梁、压型钢板及现浇混凝土面层锚固成为整体。

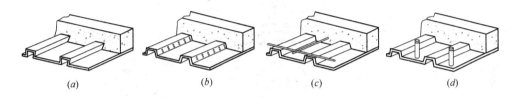

图1-29 压型钢板组合楼板连接构造

随着技术的发展，压型钢板组合楼板的跨度已可达6m以上，具有广泛的适应性。其总厚度不应小于90mm，现浇混凝土面层的厚度不应小于50mm。

1.3.3 高层建筑楼盖结构布置

高层建筑楼盖结构布置与建筑物的平面形状和结构体系有关。楼板的跨度由承重墙或柱的间距来确定，墙柱间距宜控制在楼板的经济跨度范围内。根据梁、板、柱（或墙）三者之间的支承关系及受力特点，可将楼板分别布置成单向板、双向板、无梁楼板、双向密肋板、单向密肋板等。图1-30为采用不同结构体系和不同平面形状时的楼盖结构布置示例。

下面以方形筒体结构为例，介绍楼盖结构布置的方法。

在筒体结构中，布置楼盖结构时，单筒结构宜布置成双向肋梁楼板，使筒体受力均匀，并可提高楼层的有效净空高度。筒中筒结构楼盖布置常有三种方式。

第一种布置方式是当梁跨在8~16m之间时，可将梁两端直接支承在内外筒上，形成较大空间，使内外筒体形成整体的联系，在内外筒间的四个角部可布置成双向肋梁楼板，使整个筒体均匀受力，如图1-30（g）所示。

第二种布置方式是在内外筒之间沿对角线布置斜向大梁，然后垂直于筒体在内外筒之间布置次梁，如图1-30（h）所示。由于斜向大梁需要支撑次梁，而且是传递水平力的主要构件。因此，它的断面较大，对房屋的净高会有所影响。

第三种布置方式是在内外筒之间直接设置平板，不设梁，如图1-30（i）所示。这一做法施工简单，能充分利用层高，但由于受板跨度限制，故只能用于内外筒距离不大的平面中。否则板厚增加，自重增大。

从以上分析可以看出，高层建筑楼盖设计没有唯一的答案，它不仅应考虑结构设计的要求，还与建筑使用功能、内部空间造型以及合理的经济技术性能等要素关联。

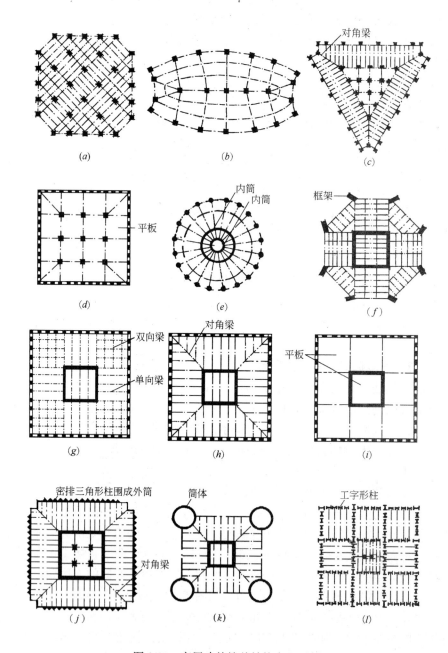

图 1-30 高层建筑楼盖结构布置示例

（a）框架（八边形）；（b）框架（椭圆形）；（c）框架（三角形）；（d）外筒内框架（方形）；（e）外框架内筒（圆形）；（f）外框架内筒（八边形）；（g）筒中筒（方形）；（h）筒中筒（方形）；（i）筒中筒（方形）；（j）筒中筒（缺角方形）；（k）群筒组合（方形）；（l）束筒（方形）

1.4 高层建筑设备层

所谓设备层，是指高层建筑的某一楼层，其有效面积全部或大部分用来作为空调、给排水、电气、电梯机房等设备的布置。设备层的具体位置，应配合建筑的使用功能、结构布置、电梯分区（高、低速竖向分区）、空调方式、给水方式等因素综合加以考虑。表 1-2 为国外典型的高层建筑设备层所在位置。

国外典型的高层建筑设备层所在位置表　　表 1-2

名　称	层　数	建筑面积（m^2）	设备层位置（层）
曼哈顿花旗银行（纽约）	B5＋60	208000	B5，11，31，51，61，62
伊利诺斯贝尔电话公司（芝加哥）	B2＋31	902000	B2，3，21，31
神户贸易中心	B2＋26	50368	B2，12，13
东京 IBM 大厦（HR）	B2＋22	38000	B2，21
NHK 播音中心（HR）	B1＋23	64900	B1
京王广场旅馆	B3＋47	116236	B3，8，46

注：B 表示地下的层数。

图 1-31 为某些国内高层建筑设备层的所在位置。

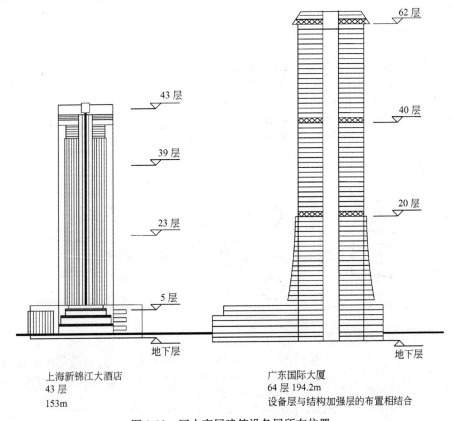

上海新锦江大酒店
43 层
153m

广东国际大厦
64 层 194.2m
设备层与结构加强层的布置相结合

图 1-31　国内高层建筑设备层所在位置

1.4.1 设备层的布置一般从以下几个方面综合考虑

1) 合理利用建筑空间

高层建筑由于埋深的要求,往往都要设地下室,地下室空间不能自然采光、通风,难以满足建筑功能要求。所以,一般情况下设备层通常设在地下室或顶层。

2) 满足设备布置的要求

在高层建筑中,一般将产生振动、发热量大的重型设备(如制冷机、水泵、蓄水池等),放在建筑最下部,即地下室;将竖向负荷分区用的设备(如中间水箱、水泵、空调器、热交换器等),放在中间层;而将利用重力差的设备,或体积大、散热量大、需要对外换气的设备(如屋顶水箱、冷却塔、锅炉、送风机等),放在建筑的最上层。

3) 与结构布置相结合

高层建筑结构布置中的结构转换层、加强层等特殊楼层,由于结构构件较多、尺度较大,空间难于利用,往往用来布置设备层。

4) 与避难层相结合

在我国,建筑高度超过100m的超高层建筑根据《高层民用建筑设计防火规范》GB 50045—95(2005版)要求,需设置避难层,其间距不超过15层。避难层往往用来布置设备层。

图1-32为国内某高层建筑设备层的平面布置关系。

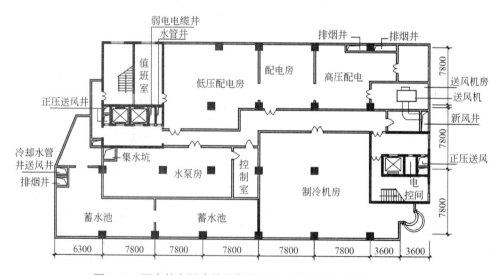

图1-32 国内某高层建筑设备层的平面位置关系(单位:mm)

1.4.2 中间设备层

在高层建筑中,由于建筑高度大、层数多,设备所承受的负荷很大,因此,各设备系统(给排水、空调等)往往需要按高度进行分区,从而达到有效利用与节约设备管道空间、合理降低设备系统造价的目的。因此,高层建筑除了用地下层或屋顶层作为设备层外,往往还有必要在中间层设置设备层,以使空调、给水等设备的布置达到经济、合理。最早明确设置中间设备层的第一座高层建筑,是1950年竣工的30层的联合国大厦。

设置中间设备层有以下特点:

(1) 为了支承设备重量,要求中间设备层的地板结构承载能力比标准层大,而考虑到设备系统的布置方式不同,中间设备层的层高会低于或高于标准层。

(2) 施工时,需要预埋管道附件(支架)或留孔、留洞,结构上需考虑防水、防振措施。

(3) 从高层建筑的防火要求来看,设备竖井应处理层间分隔;但从设备系统自身的布置要求来看,层间分隔增加了设备系统的复杂性,需处理好相互关系。

(4) 标准层中插入设备层增加了施工的复杂程度。

从目前国内外高层建筑的情况来看,采用中间设备层有利于设备系统(特别是空调和给排水)的布置和管理。一般情况下,每10~20层(通常为15层)设一层中间设备层。设备层高度以能满足各种设备及其管道的布置要求为准。例如,有空调设备的设备层,通常从地面以上2m内放空调设备,在此高度以上0.75~1m布置空调管道和风道,再上面0.6~0.75m为给排水管道,最上面0.6~0.75m为电气线路区。表1-3为设备层层高概略值。如果没有制冷机和锅炉,仅有各种管道和其他分散的空调设备,国内常采用层高2.2m以内的技术夹层。

设备层的层高概略值　　　　表1-3

总建筑面积(m^2)	设备层(包括制冷机房、锅炉房)层高(m)
1000	4.0
3000	4.5
5000	4.5
10000	5.0
15000	5.5
20000	6.0
25000	6.0
30000	6.5

1.5 高层建筑外墙构造

1.5.1 高层建筑外墙的特点

外墙是高层建筑的重要围护结构,其面积大约相当于总建筑面积的20%~40%,平均花在外墙上的费用约占土建总造价的30%~35%,有的甚至高达50%。现代高层办公建筑大多采取常年室内空调,以抵御高空气候变化大的影响,因而对外墙的保温隔热和防风雨等要求也相应提高。出于美观要求、耐久性要求和减轻建筑物自重等因素的考虑,高层建筑外墙多采用轻质薄壁和高档饰面材料。高层建筑外墙施工不但工作量大,而且又是高空作业,多采取标准化、定型化、预制装配等构造方式,以减少现场作业量和加快施工速度。

1.5.2 高层建筑外墙类型

高层建筑外墙一般为非承重墙,它的重量由主体结构支承。根据外墙的构造形式和支承方式不同分为填充墙和幕墙两类。

1) 填充墙

填充墙是用砖或砌块砌筑在结构框架梁柱之间的墙体，既可用于外墙，也可用于内墙。填充墙与框架之间应有可靠的连接，保证砌块的稳定性。填充墙属人工砌筑，取材容易，造价较低，根据我国情况，在层数不多的高层建筑中，仍有其较广泛的应用范围。

2) 幕墙

幕墙是以板材型式悬挂于主体结构上的外墙，犹如悬挂的幕而得名。幕墙构造具有如下特征：幕墙不承重，但要承受风荷载，并通过连接件将自重和风荷载传到主体结构。幕墙装饰效果好，安装速度快，施工质量也容易得到保证，是外墙轻型化、装配化的理想型式。

幕墙按材料区分为轻质幕墙和重质幕墙，轻质幕墙如玻璃幕墙、金属板材幕墙、纤维水泥板幕墙、复合板材幕墙等。钢筋混凝土外墙挂板则属于重质幕墙。

本节主要讲授玻璃幕墙和铝板幕墙，重质幕墙在第 4 章"工业化建筑构造"中讲授，石材幕墙在第 2 章"建筑装修构造"中讲授。

1.5.3 玻璃幕墙

玻璃幕墙是一种新型墙体，它将建筑美学、功能、技术和施工等因素有机地统一起来。玻璃幕墙建筑的外观可随着玻璃透明度的不同和光线的变化产生动态的美感。特别是随着高层建筑的发展，玻璃幕墙的使用更加广泛，世界许多著名的高层建筑都采用玻璃幕墙，如美国芝加哥西尔斯大厦、德国法兰克福商业银行大厦、马来西亚佩重纳斯双塔、香港中国银行大厦、上海金茂大厦等。

当然，玻璃幕墙也存在着一定的局限性，例如：光污染、能源消耗较大等问题。随着新材料、新技术的不断发展，这些问题是可以逐步解决和减轻的。

1) 玻璃幕墙分类

玻璃幕墙根据其承重方式不同分为框支承玻璃幕墙、全玻幕墙和点支承玻璃幕墙，见图 1-33。框支承玻璃幕墙造价低，是使用最为广泛的玻璃幕墙。全玻幕墙通透、轻盈，常用于大型公共建筑。点支承玻璃幕墙不仅通透，而且展现了精美的结构，发展十分迅速。

 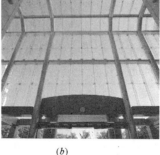 

(a) (b) (c)

图 1-33 各类玻璃幕墙外观

(a) 框支承玻璃幕墙；(b) 全玻幕墙；(c) 点支承玻璃幕墙

框支承玻璃幕墙是指玻璃面板周边由金属框架支承的玻璃幕墙。按其构造方式可分为：①明框玻璃幕墙，即金属框架的构件显露于面板外表面的框支承玻璃幕墙。②隐框玻璃幕墙，即金属框架的构件完全不显露于面板外表面的框支承玻璃幕墙。③半隐框玻璃幕墙，即金属框架的竖向或横向构件显露于面板外表面的框支承玻璃幕墙。

框支承玻璃幕墙按其安装施工方法可分为：①构件式玻璃幕墙，在现场依次安装立柱、横梁和玻璃面板的框支承玻璃幕墙。②单元式玻璃幕墙，将面板和金属框架（横梁、立柱）在工厂组装为幕墙单元，以幕墙单元形式在现场完成安装施工的框支承玻璃幕墙。

框支承玻璃幕墙可以现场组装，也可预制装配，而全玻幕墙和点支承玻璃幕墙则只能现场组装。

2）构件式玻璃幕墙构造

构件式玻璃幕墙是在施工现场将金属边框、玻璃、填充层和内衬墙，以一定顺序进行安装组合而成。玻璃幕墙通过边框把自重和风荷载传递到主体结构，有两种方式：通过垂直方向的竖梃或通过水平方向的横档。采用后一种方式时，需将横档支搁在主体结构立柱上，由于横档跨度不宜过大，就要求立柱间距也不能太大，所以实际工程中并不多见，而多采用前一种方式，如图1-34所示。

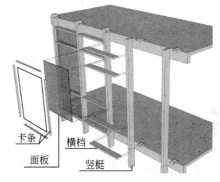

图1-34 构件式玻璃幕墙解析及实例

构件式玻璃幕墙施工速度较慢，但其安装精度要求不很高。目前，这种幕墙在国内应用较广，现就金属边框、玻璃、填充层等分别加以介绍。

（1）金属框的断面与连接方式

• 金属框常用断面形式　金属边框可用铝合金、铜合金、不锈钢等型材制作。铝合金型材易加工、外表美观、耐久、质轻，是玻璃幕墙最理想的边框材料。铝型材有实腹和空腹两种。空腹型材节约材料、刚度大；对抗风有利。竖梃和横档的断面形状根据受力、框料连接方式、玻璃安装固定、排除幕墙凝结水等因素确定。各个生产厂家的产品系列各不相同，图1-35是国内一些玻璃幕墙所采用的边框型材断面举例。

• 竖梃与楼板的连接　竖梃通过连接件固定在楼板上，连接件的设计与安装，要考虑竖梃能在上下、左右、前后三个方向均可调节移动，所以连接件上的

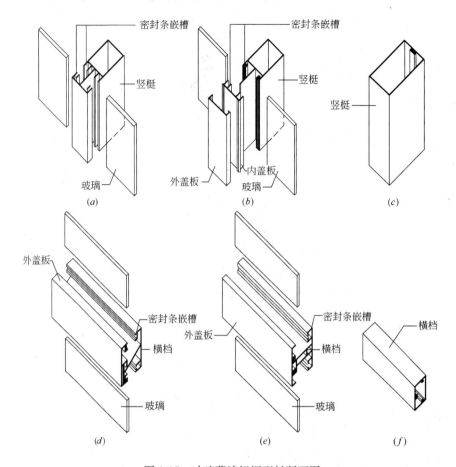

图 1-35 玻璃幕墙铝框型材断面图
(a) 竖梃之一（用于明框）；(b) 竖梃之二（用于明框）；(c) 竖梃之三（用于隐框）；
(d) 横档之一（用于明框）；(e) 横档之二（用于明框）；(f) 横档之三（用于隐框）

所有螺栓孔都设计成椭圆形的长孔。图1-36是几种不同的连接件示例。连接件可以置于楼板的上表面、侧面和下表面，一般情况是置于楼板上表面，便于操作，故采用得较多。竖梃与楼板之间应留有一定的间隙，以方便施工安装时的调差工作。一般情况下，间隙为100mm左右，如图1-37（c）所示。

- 竖梃与横档的连接　竖梃与横档通过角形铝铸件或专用铝型材连接。铝角与竖梃、铝角与横档均用螺栓固定，如图1-37（a）、(b) 所示。
- 竖梃与竖梃的连接　铝合金型材一般的供货长度是6000mm，但通常玻璃幕墙的竖梃依一个层间高度来划分，即竖梃的高度等于层高。因此，相邻层间的竖梃需要通过套筒来连接，竖梃与竖梃之间应留有15～20mm的空隙，以解决金属的热胀问题。考虑到防水，还需用密封胶嵌缝。如图1-37（c）所示。

(2) 玻璃的选择与镶嵌

- 玻璃的种类、性能与选择　玻璃的合理选择是玻璃幕墙设计的重要内容。当前，玻璃工业发展十分迅速，可以提供很多种类的玻璃，其性能各不相同。在选择玻璃时，应主要考虑玻璃的安全性能和热工性能。

第1章 高层建筑构造

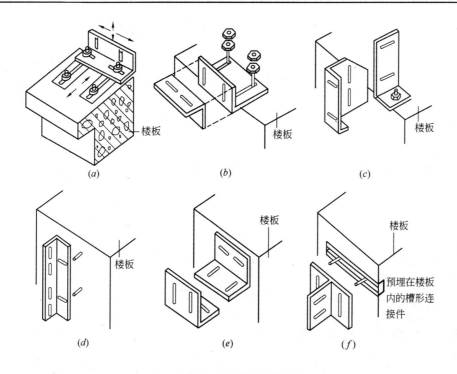

图 1-36 玻璃幕墙连接件示例

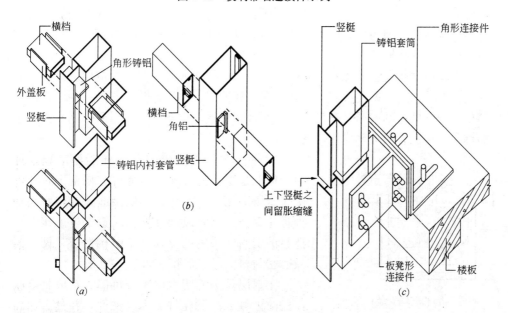

图 1-37 幕墙铝框连接构造
(a) 竖梃与横档的连接（用于明框）；(b) 竖梃与横档的连接（用于隐框）；(c) 竖梃与楼板的连接

从热工性能方面来看，可考虑选择吸热玻璃、反射玻璃、中空玻璃等。

吸热玻璃是在透明玻璃生产时，在原料中加入极微量的金属氧化物，便成了带颜色的吸热玻璃，常采用冷色调，它的特点是能使可见光透过而限制带热量的红外线通过。由于其价格低，仍有一定的应用范围。

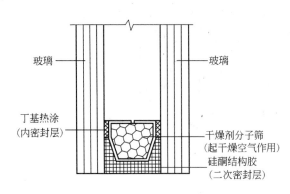

图 1-38 中空玻璃单元示例

反射玻璃是在透明玻璃、钢化玻璃、吸热玻璃一侧镀上反射膜，通过反射太阳光的热辐射而达到隔热目的。高反射玻璃能够映照附近景物，随景色变化而产生不同的立面效果。目前，低反射玻璃采用较多，因为高反射玻璃会产生强烈的光污染问题。

中空玻璃系将两片以上的平板透明玻璃、钢化玻璃、吸热玻璃等与边框焊接、胶接或熔接密封而成。玻璃之间有一定距离，常为 6～12mm，形成干燥空气间层，或抽成真空，或充以惰性气体，以取得隔热和保温效果。热工性能、隔声效果较吸热玻璃、反射玻璃更佳。图 1-38 为一种常见中空玻璃单元的构造示意。

从安全性能方面来看，可考虑选择钢化玻璃、夹层玻璃、夹丝玻璃等。

钢化玻璃是把浮法玻璃在 650℃加热，并同时在玻璃表面统一吹入空气，而使玻璃迅速冷却制作的。钢化玻璃的强度是普通玻璃的 1.53～3 倍，当被打破时，它变成许多细小、无锐角的碎片，从而避免了伤人。

夹层玻璃是一种性能优良的安全玻璃，它是由两片或多片玻璃用透明的聚乙烯醇酯丁醛（PVB）胶片牢固粘结而成。夹层玻璃具有良好的抗冲击性能和破碎时的安全性能。因为当夹层玻璃受到冲击破碎时，碎片粘在中间 PVB 膜上，不会有玻璃碎片伤人。

夹丝玻璃是在玻璃压延成型时，将金属丝网嵌入玻璃内部的玻璃。这种玻璃受到机械冲击后，即使破裂，碎片挂在金属网上，也不掉落。它是一种生产工艺简单、价格低廉的安全玻璃。由于它对视线及透光性有一定的阻碍作用，因此不如钢化玻璃和夹层玻璃应用广泛。

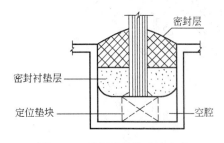

图 1-39 明框幕墙的玻璃安装

• 明框幕墙的玻璃安装　在明框玻璃幕墙中，玻璃是镶嵌在竖梃、横档等金属框上，并用金属压条卡住。玻璃与金属框接缝处的防水构造处理是保证幕墙防风雨性能的关键部位。接缝构造目前国内外采用的方式有三层构造层，即密封层、密封衬垫层、空腔，如图 1-39 所示。

密封层是接缝防水的重要屏障，它应具有很好的防渗性、防老化性、无腐蚀性，并具有保持弹性的能力，以适应结构变形和温度伸缩引起的移动。密封层有现注式和成型式两种，现注式接缝严密，密封性好，采用较广，上海联谊大厦、深圳国贸大厦均采用现注式。成型式密封层是将密封材料在工厂挤压成一定形状后嵌入缝中，施工简便，如长城饭店采用氯丁橡胶成型条作密封层。目前密封材料主要有硅酮橡胶密封料和聚硫橡胶密封料。

密封衬垫，它具有隔离层作用，使密封层与金属框底部脱开，减少由于金属框变形引起密封层变形。密封衬垫常为成型式。根据它的作用,要求密封衬垫应以合成橡胶等黏结性不大而延伸性好的材料为佳。

玻璃是由垫块支撑在金属框内,玻璃与金属框之间形成空腔。空腔可防止挤入缝内的雨水因毛细现象进入室内。图 1-40 为玻璃镶嵌在金属框中的节点详图。

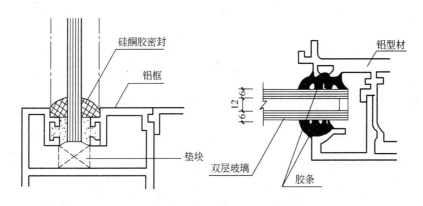

图 1-40　明框玻璃与铝框的连接实例

- 隐框幕墙玻璃板块的制作与安装　在隐框玻璃幕墙中,金属框隐蔽在玻璃的背面。因此,它需要制作一个从外面看不见框的玻璃板块,然后采用压块、挂钩等方式与幕墙的主体结构连接,如图 1-41 所示。

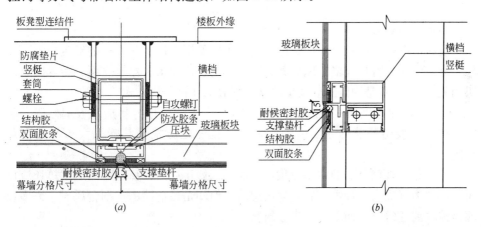

图 1-41　隐框幕墙玻璃板块安装图
(a) 压块连接;(b) 挂钩连接

玻璃板块由玻璃、附框和定位胶条、粘结材料组成,如图 1-42 所示。附框通常采用铝合金型材制作,其尺寸应比玻璃板面尺寸小一些,然后用双面贴胶带将玻璃与附框定位,再现注结构胶。待结构胶固化并达到强度后,方可进行现场的安装工作。在玻璃的安装过程中,板块与板块之间形成的横缝与竖缝都要进行防水处理。首先是在缝中填塞泡沫垫杆,垫杆尺寸应比缝宽稍大,才能嵌固稳当。然后用现注式耐候密封胶灌注。

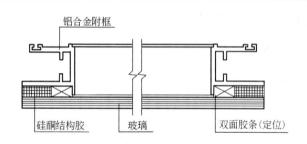

图 1-42 隐框幕墙玻璃板块

在玻璃板块的制作安装中,结构胶和耐候密封胶的选择十分重要,它对于隐框幕墙的安全性能、防风雨性能及耐久性都有着直接的影响。

耐候密封胶主要采用硅酮密封胶,它在固化后对阳光、雨水、臭氧及高低温等气候条件都能适应。在选用硅酮密封胶时,应采用中性胶,不能采用酸碱性胶,否则将给铝合金和结构胶带来不良影响。在使用前,都要同结构胶进行相容性实验,合格后才能使用。

结构胶常采用硅酮结构胶,结构胶不仅起着粘合密封的作用,同时它起着结构受力的作用。因此它的质量优劣直接影响幕墙的安全性能。结构胶如同混凝土一样,有一个初步固化时间,大约 7 天。也就是说,打胶 7 天后结构胶才具有强度,玻璃板块才能进行安装,结构胶最终达到完全固化需要 14~21 天。

图 1-43 是某高层建筑半隐框玻璃幕墙(横明竖隐)的立面及节点构造详图。

(3) 立面划分

玻璃幕墙的立面划分系指竖梃和横档组成的框格形状和大小的确定,立面划分与幕墙使用的材料规格、风荷载大小、室内装修要求、建筑立面造型等因素密切相关。图 1-44 是构件式玻璃幕墙立面划分的几种分格方式。

幕墙框格的大小必须考虑玻璃的规格,太大的框格容易造成玻璃破碎。竖梃是构件式玻璃幕墙的主要受力杆件,竖梃间距应根据其断面大小和风荷载确定。

风荷载是玻璃幕墙的主要荷载,一般不仅做正风力计算,对高层建筑还应该作负风向力(吸力)计算。后者易被忽略,但却是最危险的,刮台风时,许多玻璃是被吹离建筑物,而不是吹进建筑物。

风荷载的选取视地区、气候和建筑物的高度而定。我国一般地区 100m 以下的高层建筑承受 1.97kPa 的风压,沿海地区为 2.60kPa,而台湾、海南地区则可达 4.90kPa。通常竖梃间距不宜超过 1.5m。

横档的间距除了考虑玻璃的规格外,更重要的是如何与开启窗位置、室内吊顶棚位置相协调。一般情况下,窗台处和吊顶棚标高处均宜设一根横档,这样可使窗台与幕墙、吊顶棚与幕墙的连接更方便。在一个楼层高度(H)范围内平均出现两根横档,它们之间的间距视室内开窗面积大小、窗台高低、顶棚位置、立面造型等因素而定。横档间距一般不宜超过 2m。

(4) 玻璃幕墙的内衬墙和细部构造

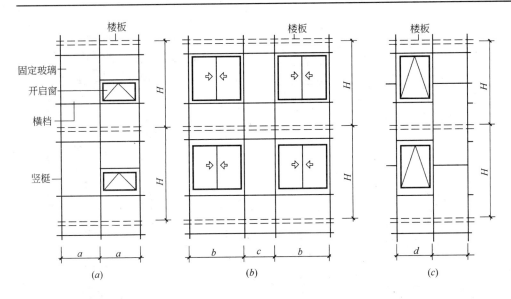

图 1-44 构件式幕墙立面划分

- 幕墙内衬墙　由于建筑造型需要，玻璃幕墙建筑常常设计成面积很大的整片玻璃墙面，这给建筑功能带来一系列问题，大多数情况下，室内不希望用这么大的玻璃面来采光通风，加之玻璃的热工性能差，大片玻璃墙面难以达到保暖隔热要求，幕墙与楼板和柱子之间均有缝隙，这对防火、隔声均不利，这些缝隙成为左右相邻房间、上下楼层之间噪声传播的通路和火灾蔓延的突破口。因此，在玻璃幕墙背面一般要另设一道内衬墙，以改善玻璃幕墙的热工性能和隔声性能。内衬墙也是内墙面装修不可缺少的组成部分。

内衬墙可按隔墙构造方式设置，通常用轻质块材做成砌块墙，或在金属骨架外装钉饰面板材做成轻骨架板材墙。内衬墙一般支搁在楼板上，并与玻璃幕墙之间形成一道空气间层，它能够改善幕墙的保温隔热性能。如果在寒冷地区，还可用玻璃棉、矿棉一类轻质保暖材料填充在内衬墙与幕墙之间，如果再加铺一层铝箔则隔热效果更佳。

- 幕墙防火构造　根据《玻璃幕墙工程技术规范》JGJ 102—2003 和《高层民用建筑设计防火规范》GB 50045—95（2005 版）的有关规定，高层建筑的水平和竖向防火分区应在构造上予以保证。玻璃幕墙与各层楼板和隔墙间的缝隙，必须采用耐火极限不低于 1h 的防火材料填堵密实，见图 1-45（a）。一般来说，同一幕墙单元不宜穿越两个防火分区，若建筑设计要求通透隔断时，可采用防火玻璃，但耐火极限应满足要求。当建筑设计不考虑设衬墙时，可在每层楼板外沿设置耐火极限不小于 1h，高度不小于 0.8m 的实体墙裙或防火玻璃墙裙。

- 幕墙排冷凝水构造　在明框幕墙中，由于金属框外露，不可避免地形成了"冷桥"。因此，在玻璃、铝框、内衬墙和楼板外侧等处，在寒冷天气会出现凝结水。因此，要设法将这些凝结水及时排走，可将幕墙的横档做成排水沟槽，并设滴水孔，如图1-43（b）所示。此外，还应在楼板侧壁设一道铝制披水板，把凝结水引导至横档中排走，如图 1-43（a）。

建筑构造（下册）

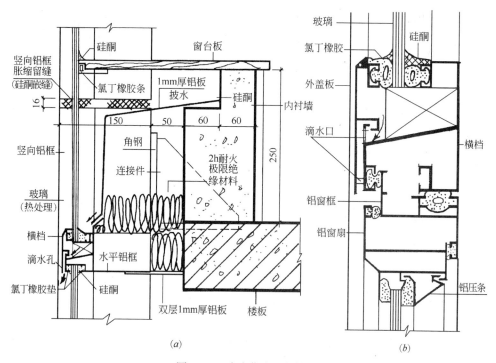

图 1-45 玻璃幕墙细部构造
(a) 幕墙内衬墙和防火、排水构造；(b) 幕墙排水孔

在隐框幕墙中，金属框是隐蔽在玻璃的背面的，因而避免了"冷桥"的出现，它的热工性能优于明框幕墙。

3）单元式玻璃幕墙构造

这是一种工厂预制组合系统，它将面板和金属框架在工厂组装为幕墙单元，以幕墙单元形式在现场完成安装施工的框支承玻璃幕墙（图 1-46）。由于幕墙板在工厂生产，其质量稳定有保障，代表了玻璃幕墙工业化的发展方向。同时，它对土建施工的精度提出了较高要求。

图 1-46 单元式玻璃幕墙解析及实例

(1) 幕墙定型单元

单元式玻璃幕墙在工厂将玻璃、金属框、保温隔热材料组装成一块块的幕墙定型单元，每一单元一般为1个层高，甚至2～3个层高，其宽度根据具体的运输和安装条件确定。幕墙单元的大多数玻璃是固定的，只有少数玻璃扇开启。开启方式多用上悬窗，也有的采用推拉窗，图1-47为幕墙定型单元示例。

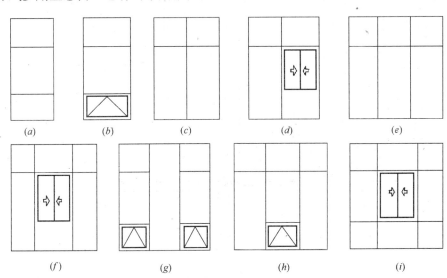

图1-47 单元式玻璃幕墙定型单元

(2) 幕墙立面划分

幕墙定型单元在建筑立面上的布置方式称为立面划分。构件式幕墙的立面常以竖梃拉通为特征，而单元式幕墙的安装元件是整块玻璃组成的墙板，因而其立面划分比较灵活。除横缝、竖缝拉通布置外，也可采用竖缝错开，横缝拉通的划分方式。单元式幕墙进行立面划分时，上下墙板的接缝（横缝）略高于楼面标高（200～300mm），以便安装时进行墙板固定和板缝密封操作，左右两块幕墙板之间的竖缝宜与框架柱错开，所以幕墙板的竖缝和横缝应分别与结构骨架的柱中心线和楼板梁错开，如图1-48所示。

(3) 幕墙板的安装与固定

幕墙板与主体结构的梁或板的连接通常有两种方式。

• 扁担支撑式：如图1-49所示，先在幕墙板背面装上一根镀锌方钢管（俗称铁扁担，如图1-49中立面图虚线所示），幕墙板通过这根铁扁担支搁在角形钢牛腿上，为了防止振动，幕墙板与牛腿接触处均垫上防振橡胶垫。当幕墙板就位找正后，随即用螺栓将铁扁担固定在牛腿上，而牛腿是通过预埋槽钢与框架梁相连的。

• 挂钩式：如图1-50所示，相邻幕墙单元的竖框通过钢挂钩固定在预埋铁角上。

(4) 幕墙板之间的接缝构造

由于幕墙板之间都留有一定空隙，因此该处的接缝防水构造就十分重要，通

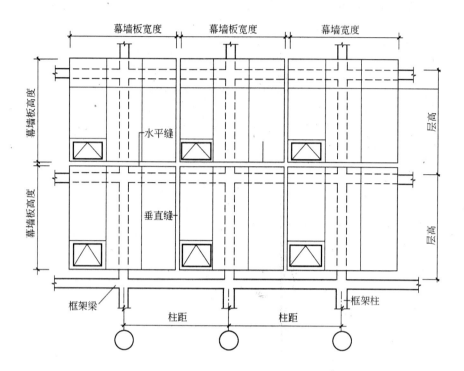

图 1-48 单元式玻璃幕墙立面划分

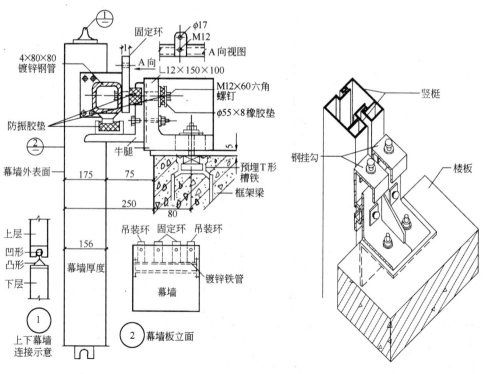

图 1-49 扁担支承式连接构造（单位：mm）　　图 1-50 挂钩式连接构造

常有三种方法进行处理：①内锁契合法，如图 1-51（a）所示。②衬垫法，如图 1-51（b）所示。③密封胶嵌缝法，如图 1-51（c）所示。在以上三种方法中，都运用了等压腔原理，因此防水效果是有保障的。

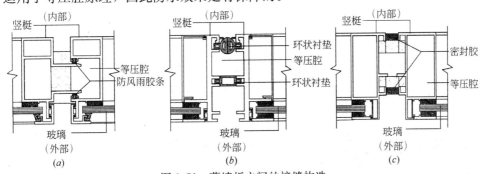

图 1-51　幕墙板之间的接缝构造
（a）内锁契合法；（b）衬垫法；（c）密封胶嵌缝法

4）无框式玻璃幕墙构造

这种玻璃幕墙在视线范围不出现铝合金框料，又称为全玻璃幕墙。它为观赏者提供了宽广的视域，并加强了室内外空间的交融。为广大建筑师所喜爱，在国内外都得到了广泛的应用。

为增强玻璃刚度，每隔一定距离用条形玻璃板作为加强肋板，玻璃板加强肋垂直于玻璃幕墙表面设置。因其设置的位置如板的肋一样，又称为肋玻璃。玻璃幕墙称为面玻璃，面玻璃和肋玻璃有多种交接方式，如图 1-52 所示。同时，面玻璃与肋玻璃相交部位宜留出一定的间隙。间隙用硅酮系列密封胶注满。间隙尺寸可根据玻璃的厚度而略有不同，具体详细的尺寸如图 1-53 所示。

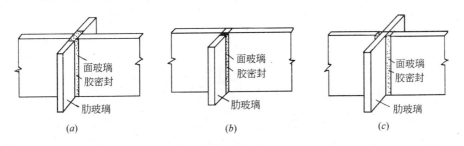

图 1-52　面玻璃与肋玻璃相交部位处理
（a）肋玻璃在两侧；（b）肋玻璃在单侧；（c）肋玻璃穿过面玻璃

密封节点尺寸(mm) 肋玻璃厚 (mm)	a	b	c
12	4	4	6
15	5	5	6
19	6	7	6

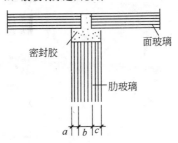

图 1-53　面玻璃与肋玻璃交接细部构造处理

建筑构造（下册）

此种类型的玻璃幕墙所使用的玻璃多为钢化玻璃和夹层钢化玻璃，以增大玻璃的刚度和加强其安全性能。为了使其通透性更好，通常分格尺寸较大，否则就失去了这种玻璃幕墙的特点。如何确定玻璃的厚度、单块面积的大小、肋玻璃的宽度及厚度，这些均应经过计算，在强度及刚度方面，应满足最大风压情况下的使用要求，表1-4是玻璃肋截面高度选择表，供参考。

玻璃的固定有两种方式，如图1-54所示。

全玻幕墙玻璃肋截面高度选择表　　　　表1-4

玻璃板宽度(m)	玻璃板高度	2m		2.5m		3m		4m		5m		6m		7m		8m	
	风荷载标准值(kPa)	1.0		1.0		1.0		1.0		1.1		1.2		1.3		1.4	
1	玻璃板厚度(mm)	8		8		8		8		10		12		15		15	
	肋截面厚度(mm)	12	15	12	15	12	15	12	15	15	19	15	19	15	19	15	19
	双肋截面高度(mm)	100	90	125	115	150	135	200	180	240	210	300	265	360	320	430	380
	单肋截面高度(mm)	145	130	180	160	215	180	285	255	335	300	425	375	510	455	605	540
2	玻璃板厚度(mm)	8		8		8		10		12		15		19		19	
	肋截面厚度(mm)	12	15	12	15	12	15	12	19	15	19	15	19	15	19	15	19
	双肋截面高度(mm)	120	105	145	130	175	155	235	210	275	245	345	310	420	370	495	440
	单肋截面高度(mm)	165	150	205	180	245	220	360	295	390	345	490	345	590	525	700	600
2.5	玻璃板厚度(mm)	8		10		10		12		15		19		19			
	肋截面厚度(mm)	12	15	12	15	12	15	19	12	15	19	15	19	15	19		
	双肋截面高度(mm)	130	120	165	145	195	155	260	235	210	305	275	385	345	465	415	
	单肋截面高度(mm)	185	165	230	205	275	245	220	370	330	295	435	385	545	485	660	585
3	玻璃板厚度(mm)	8		10		12		12		15		19		19			
	肋截面厚度(mm)	12	15	12	15	12	15	19	12	15	19	15	19				
	双肋截面高度(mm)	145	130	180	160	215	190	170	285	255	225	335	300	425	370		
	单肋截面高度(mm)	200	180	260	225	300	270	240	400	360	320	475	420	595	530		

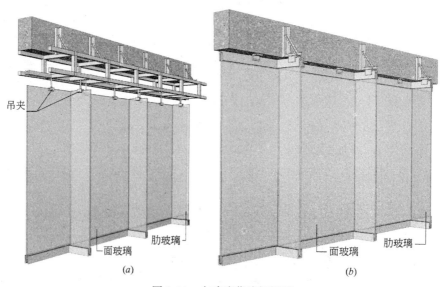

图1-54　全玻璃幕墙解析图
(a)上部悬挂式；(b)下部支承式

（1）上部悬挂式

用悬吊的吊夹，将肋玻璃及面玻璃悬挂固定。它由吊夹及上部支承钢结构受力，可以消除玻璃因自重而引起的挠度，从而保证其安全性。当全玻幕墙的高度大于 4m 时，必须采用悬挂方法固定，如图 1-54(a)所示。

（2）下部支承式

用特殊型材，将面玻璃及肋玻璃的上、下两端固定。它的重量支承在其下部，由于玻璃会因自重而发生挠曲变形，所以它不能用作高于 4m 的全玻璃幕墙。室内的玻璃隔断也可采用这种方式，如图 1-54(b)所示。

图 1-55 为吊夹固定的构造节点，图 1-56 是吊夹悬吊示意图。

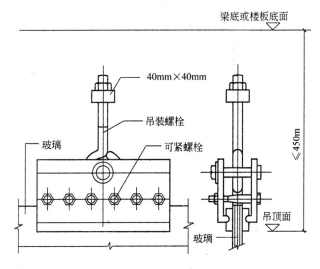

图 1-55　吊夹固定构造节点

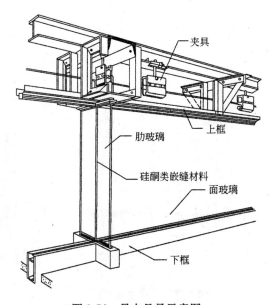

图 1-56　吊夹悬吊示意图

5）点支承玻璃幕墙构造

点支承玻璃幕墙是由玻璃面板、点支承装置和支承结构构成的玻璃幕墙，如图 1-57 所示。它可形成非常通透的空间效果，并且构件精巧，结构美观。因此，尽管其造价相对较高，但仍得到建筑师的青睐。特别适用于公共建筑高大空间的内外装修，如机场航站楼、商场、高档宾馆、写字楼等，也可作为装饰构件用于室内外装修，设置城市公共空间的装置陈设。

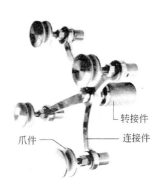

图 1-57　点支承玻璃幕墙示意

点支承玻璃幕墙由玻璃面板、支承结构、连接玻璃面板与支承结构的支承装置组成。

其中，支承结构可分为杆件体系和索杆体系两种。杆件体系是由刚性构件组成的结构体系。索杆体系是由拉索、拉杆和刚性构件等组成的预拉力结构体系。常见的杆件体系有钢立柱和钢桁架，索杆体系有钢拉索、钢拉杆和自平衡索桁架，如图 1-58 所示。不同的支承体系其特点和适用范围各不相同，见表 1-5，可

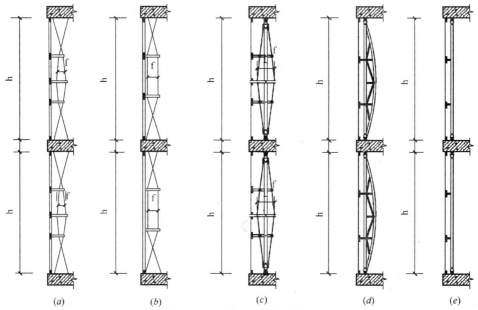

图 1-58　五种支承结构示意

(a) 拉索式；(b) 拉杆式；(c) 自平衡索桁架式；(d) 桁架式；(e) 立柱式

根据项目特点和设计需要进行选择。

不同支承体系的特点及适用范围　　　　表 1-5

分类项目	拉索点支承玻璃幕墙	拉杆点支承玻璃幕墙	自平衡索桁架点支承玻璃幕墙	桁架点支承玻璃幕墙	立柱点支承玻璃幕墙
特点	轻盈、纤细、强度高、能实现较大跨度	轻巧、光亮，有极好的视觉效果	杆件受力合理，外形新颖，有较好的观赏性	有较大的刚度和强度，适合高大空间，综合性能好	对主体结构要求不高，整体效果简洁明快
适用范围 (mm)	拉索间距 $b=1200\sim3500$ 层高 $h=3000\sim12000$ 拉索矢高 $f=h/(10\sim15)$	拉杆间距 $b=1200\sim3000$ 层高 $h=3000\sim9000$ 拉杆矢高 $f=h/(10\sim15)$	自平衡间距 $b=1200\sim3500$ 层高 $h\leqslant15000$ 自平衡索桁架矢高 $f=h/(5\sim9)$	桁架间距 $b=3000\sim15000$ 层高 $h=6000\sim40000$ 桁架矢高 $f=h/(10\sim20)$	立柱间距 $b=1200\sim3500$ 层高 $h\leqslant8000$

连接玻璃面板与支承结构的支承装置由爪件、连接件以及转接件组成。爪件根据固定点数可分为四点式、三点式、两点式和单点式。它常采用不锈钢制作，如果不是，则应采用镀铬和镀锌等可靠的表面处理。爪件通过转接件与支承结构连接，转接件一端与支承结构焊接，另一端通过内螺纹与爪件套接。连接件以螺栓方式固定玻璃面板，并通过螺栓与爪件连接，如图 1-59 所示。

点支承玻璃幕墙的玻璃面板必须采用钢化玻璃，种类主要有单层钢化玻璃、钢化夹层玻璃和钢化中空玻璃等。夹层和中空玻璃的内外片玻璃厚度差值不宜大于 2mm。玻璃面板形状通常为矩形，采用四点支承，根据情况也可采用六点支承，对于三角形玻璃面板可采用三点支承。玻璃面板的分格尺寸和玻璃厚度应根据计算确定。其厚度一般不小于 12mm，分格尺寸不宜太小，通常在 1.5～3.0m 之间。玻璃面板拼接时，须留有至少 10mm 的间隙，并嵌填耐候密封胶。

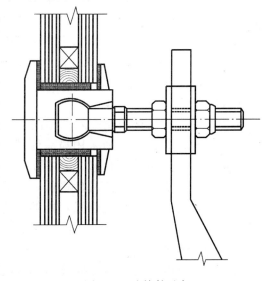

图 1-59　连接件示意

图 1-60 为桁架支承结构点支承式玻璃幕墙构造节点示例。

1.5.4　铝板幕墙
1）铝板幕墙材料及类型
铝板幕墙就是面层材料选用铝板的幕墙。根据铝板的种类可分为：蜂窝铝板

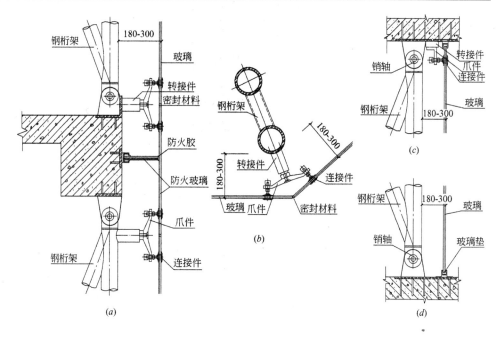

图 1-60 点支承式玻璃幕墙构造节点示例
（a）层间垂直节点；（b）水平转角节点；（c）上封口节点；（d）下封口节点

幕墙、单层铝板幕墙和铝塑复合板幕墙。蜂窝铝板幕墙的保温隔热性能好，它由正面为1mm厚、背面为0.5mm以上厚度的铝合金板与中间的铝蜂窝粘结而成，总厚度通常在10～25mm之间。单层铝板的厚度不小于2.5mm，它的加工性能很好，适合复杂的形状。铝塑复合板由上下两层厚度为0.5mm的铝合金板以及中间的硬塑料夹心层组成，总厚度应在3mm以上，同蜂窝板及单层铝板相比，其造价较低。

同普通铝合金型材的表面处理不同，考虑到装饰的需要，铝板表面处理已不采用阳极氧化方法，而采用喷涂处理。喷涂处理不仅可以增强铝板的耐候能力，还可获得丰富的色彩。它主要分为两类：一类是粉末喷涂；另一类是氟碳喷涂。二者相比，前者价格低，但后者具有优异的抗褪色性、抗腐蚀性、抗紫外线能力强、抗裂性强，能够承受恶劣天气环境，是一般涂料所不及的。

2）铝板幕墙构造

铝板幕墙的构造组成和隐框玻璃幕墙类似，也需要制作铝板板块，见图1-61。在其外立面上看不见骨架框格。其骨架体系与玻璃幕墙相同，也是由竖梃和横档组成，通常受力也是以竖梃为主。但骨架体系除了采用铝合金型材外，也可采用钢骨架，如型钢和轻钢型材。铝合金型材的精度高，施工安装方便，但它的刚度小，价格也较高。钢骨架承载力、刚度大，型材断面小，竖梃和横档之间采用焊接连接，但其装饰性差，对施工精度要求较高。

铝板板块由加劲肋和面板组成。板块的制作需要在铝板背面设置边肋和中肋等加劲肋，铝塑复合板在折边处应设边肋。在制作板块时，铝板应四周折边以便

第1章 高层建筑构造

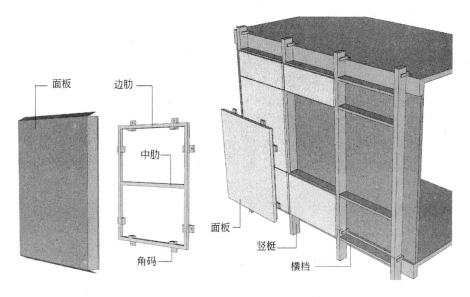

图 1-61 铝板幕墙解析图

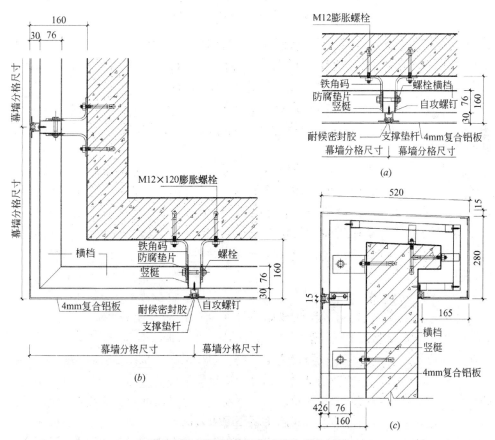

图 1-62 铝塑复合板幕墙构造节点示例
(a) 水平节点；(b) 转角节点；(c) 女儿墙节点

与加劲肋连接。加劲肋常采用铝合金型材，以槽形或角形型材为主。面板与加劲肋之间通常的连接方法有铆接、电栓焊接、螺栓连接以及化学粘结等。为了方便板块与骨架体系的连接需在板块的周边设置铝角，它一端常通过铆接方式固定在板块上，另一端采用自攻螺栓固定在骨架上。铝板板块拼接时，考虑到变形的需要，板块间须留出10～15mm的间隙，并用耐候密封胶嵌填。

铝板幕墙分格尺寸的大小和铝板材料尺寸、受力计算以及建筑立面划分密切相关。各种铝板的宽度尺寸常在1000～1600mm之间，长度尺寸可根据需要定制。因此铝板幕墙分格尺寸宽度应控制在1600mm以内，铝合金蜂窝板和单板的刚度较大，高度尺寸可达3m，而铝塑复合板的刚度较小，高度尺寸常控制在1800mm以内。

图1-62为铝合金型材骨架体系铝塑复合板幕墙构造节点示例。

1.6 高层建筑地下室构造

在高层建筑中，由于基础都埋置较深，形成了可利用空间，一般设置地下室作为设备层、车库等，因此地下室部分的防潮、防水构造措施成为一个重要问题，在设计中必须根据地下水位的高低来处理防潮、防水问题。

1.6.1 地下室防潮

当最高地下水位低于地下室地坪0.3～0.5m而无滞水可能时，地下室外墙和底板只受到土层中潮气影响，这时，一般只作防潮处理。墙身防潮构造是在地下室底板及顶板各设一道水平防潮层，并在地下室外墙外侧做垂直防潮层，即先做20mm厚1:2.5水泥砂浆找平层，并高出散水300mm以上，然后刷冷底子油一道，热沥青两道（至散水底）。最后在地下室外墙外侧回填隔水层（黏土夯实或灰土夯实），如图1-63所示。

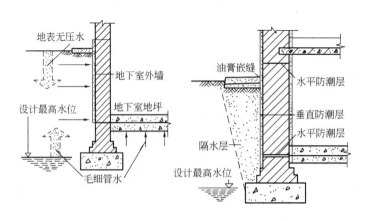

图1-63 地下室防潮处理

当地下室的内墙为砖墙时，墙身与底板相交处也应做水平防潮层，如图1-64所示。

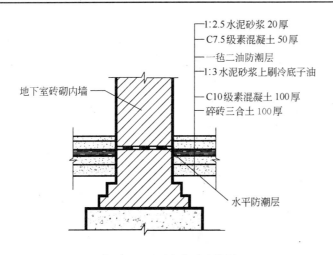

图 1-64 地下室水平防潮层

1.6.2 地下室防水

1）卷材防水

当最高地下水位高于地下室地坪时，因为地下水不仅可以浸入地下室，而且地下室的外墙和地板还分别受到地下水的侧压力和浮力。这种水压力大小与地下水高出地下室地坪高度有关，高差越大，压力越大，这时，对地下室必须采取防水处理。常用的防水措施是采用卷材防水。

地下防水做法：一般把卷材防水层设在地下室外墙外侧，称为外防水。它与卷材防水设在地下室外墙内侧相比较具有以下优点：外防水的防水层在迎水面，受压力水的作用紧压在外墙上，防水效果好，而内防水的卷材防水层在背水面，受压力水的作用容易局部脱开，外防水造成渗漏机会比内防水少。因此一般采用外防水，仅在修缮工程中才采用内防水。

防水卷材一般采用沥青卷材和高聚物改性沥青防水卷材（APP 塑性卷材和 SBS 弹性卷材），具体做法是：在基础垫层上铺好底面防水层后，卷材沿墙身自下而上铺贴在墙体外侧已做好的 20mm 厚 1∶3 水泥砂浆找平层表面（已先涂好冷底子油一道）。在防水层外侧砌筑 120mm 厚保护墙（或采用 50mm 厚聚苯板做软保护），最后回填 2∶8 灰土作隔水墙。如图 1-65 所示。

2）防水混凝土防水

混凝土防水结构是由防水混凝土依靠其材料本身的憎水性和密实性来达到防水目的。混凝土防水结构既是承重、维护结构，又应有可靠的防水性能。它简化了施工，加快了工程进度，改善了劳动条件。因此，确定地下室防水方案时，应优先选用防水混凝土防水。防水混凝土分为普通混凝土和掺外加剂防水混凝土两类。

（1）普通防水混凝土

它是以调整配合比的方法，在普通混凝土的基础上提高其自身密度和抗渗能力的一种混凝土。混凝土抗渗性能的好坏不仅在于材料的级配，更主要取决于混

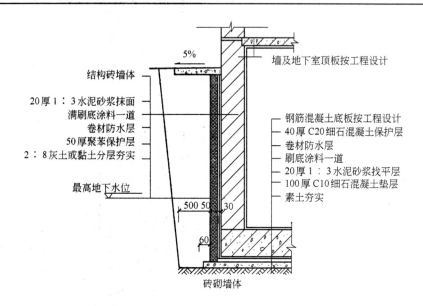

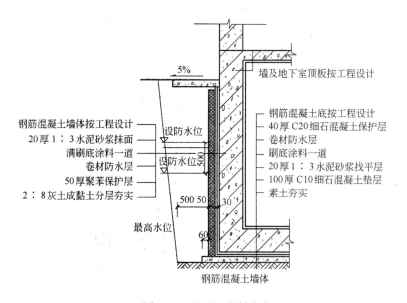

图 1-65 地下室卷材防水

凝土的密实度。因为混凝土为非匀质材料，它的渗水是通过孔隙和裂缝进行的，提高混凝土抗渗性就要提高其密实度，抑制孔隙。但孔隙的形状和大小都与水灰比密切相关，因此，控制水灰比、水泥用量和砂率来保证混凝土中砂浆的质量和数量以抑制孔隙，使混凝土浸水一定深度而不致透过。同时，在混凝土中掺用减水剂，使用水量减少，也取得了良好的抗渗效果。在防水混凝土施工过程中，水灰比应控制在 0.55 以内，坍落度应为 3~5cm，水泥用量不小于 320kg/m³，砂率为 35%~45%，灰砂比在 1:1.5~1:2.5 范围内为宜。在地下室防水中，防水混凝土结构厚度不应小于 250mm，如图 1-66 所示。

（2）外加剂混凝土

外加剂有加气混凝土（加松香皂）、三乙醇胺、三氯化铁、木质磺酸钙、建 I

型减水剂。混凝土中加入外加剂后能增强混凝土防水性能，抗渗等级提高 3 倍或 3 倍以上。

为防止地下水对防水混凝土的浸蚀，在墙外侧应抹水泥砂浆，然后涂刷沥青。

3) 弹性材料防水

前面两种防水方法为柔性防水和刚性防水。防水材料必须具备耐环境变化、耐外伤的优点，以形成整体的不透水薄膜。即对防水材料要求有耐候性、耐化学腐蚀性及温度适应性。地下室防

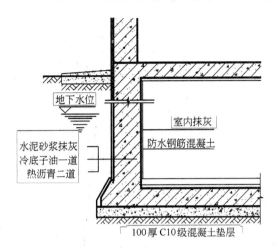

图 1-66 地下室防水混凝土防水

水工程，由于具有较大水压力以及建筑基础和地下室结构可能产生一定的变形和移位，因而，更要求防水材料特别具备拉伸强度高、拉断延伸率大，能承受一定的荷载冲击力，适应防水基层的伸缩及开裂变形的特点，因此，在国内外采用了以高分子合成材料和合成橡胶及树脂涂膜的弹性防水层。

我国目前采用的弹性防水材料有：

(1) 三元乙丙橡胶卷材。有 A 型和 B 型两种，它是冷作业，单层施工（地下室防水加附加层）。它能充分适应基层伸缩开裂变形。

(2) 聚氨酯涂膜防水材料。我国现在生产双组分型聚氨酯防水材料，它是以含有端异氰酸基（—NCO）的聚氨酯预聚物的甲料和含有多羟基（—OH）的固化剂，并掺有增黏剂、催化剂、防霉剂、填充剂、稀释剂制成的乙料所组成。这种甲料和乙料按一定比例配合均匀，即可进行涂膜施工。

1.7 高层建筑的楼梯、电梯和防火要求

1.7.1 楼梯的布置

1) 布置要求

在高层建筑中虽然设置了足够数量的电梯，但楼梯配合电梯作为竖向交通工具是不可缺少的，它对于下面几层用户和层间用户短距离联系，以及在非常情况下（如火灾）作为安全紧急疏散均起到了重要的作用。因此，楼梯的位置和数量以及安全方面在高层建筑防火设计中有许多特殊问题必须统一考虑。首先，要符合《高层民用建筑设计防火规范》GB 50045—95（2005 版）的要求，楼梯作为电梯的辅助竖向交通工具，应与电梯有机配合，以利相互补充。因此楼梯至少应与一部电梯靠在一起，其布置方式如图 1-67 所示。

2) 安全疏散设计

为保证高层民用建筑在正常情况下和非正常情况下的使用要求，高层民用建筑系统每个防火分区的安全出口不应少于两个，并应注意每部楼梯服务的面积

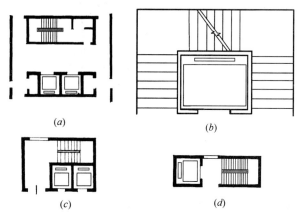

图 1-67 楼梯与电梯的布置
(a) 楼梯放在电梯对面；(b) 楼梯环绕电梯井；
(c) 楼梯在电梯的背面和侧面；(d) 楼梯的休息平台与电梯厅结合

及两部楼梯的距离的设置，具体来说，安全出口之间的距离不应小于 5m，而最大距离应根据建筑物类别区别对待，表 1-6 为《高层民用建筑设计防火规范》GB 50045—95（2005 版）对安全疏散距离的规定。

高层民用建筑的安全疏散距离　　　　　　　　　　　表 1-6

建筑物名称		房间门或住宅门至最近的外部出口或楼梯间的最大距离（m）	
		位于两个安全出口之间的房间	位于袋形走道两侧或尽端的房间
医院	病房部分	24	12
	其他部分	30	15
教学楼、旅馆、展览楼		30	15
其他建筑		40	20

3）疏散楼梯的设置

疏散楼梯是发生火灾时，电梯停止使用的紧急情况下最主要的是竖向安全疏散通道。因此，其位置除应符合安全疏散距离的规定，也应符合人在火灾发生后可能的疏散方向。

（1）疏散楼梯间布置方式

• 接近电梯厅。因为人们在紧急情况下，首先选择自己习惯经常使用的方向和路线，因此有利于疏散。

• 有双向疏散出口。疏散楼梯位于标准层两端，在一个方向疏散受阻的情况下，人们必然折回向另一方向。

（2）防烟楼梯间的要求

一类建筑和建筑高度超过 32m 的二类高层建筑以及超过 11 层的通廊式住宅、超过 18 层的单元式住宅、高层塔式住宅均应设防烟楼梯间，防烟楼梯间应符合下列要求：

• 楼梯间入口处应设前室或阳台、凹廊等，如图 1-68 所示。

• 前室面积公共建筑不应小于 6m²，居住建筑不应小于 4.5m²，若与消防电梯合用前室则不应小于 10m² （公建）和 6m² （居住建筑）。
- 楼梯间的前室应设防烟、排烟设施。
- 通向前室和楼梯间的门均应设乙级防火门，并应向疏散方向开。

防烟楼梯间的实例如图 1-69 所示。

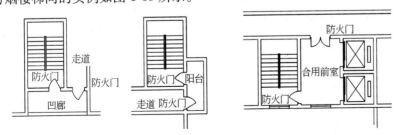

图 1-68　楼梯间入口

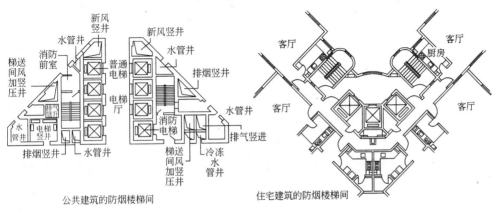

图 1-69　防烟楼梯间

（3）封闭楼梯间的要求

高层建筑裙房以及建筑高度不超过 32m 的二类高层建筑、12～18 层的单元式住宅、11 层及 11 层以下的通廊式住宅应设封闭楼梯间。封闭楼梯间应靠外墙，并能天然采光和自然通风，以利排烟。当不能直接天然采光和自然通风时，应按防烟楼梯间规定设置。楼梯间应设乙级防火门，并向疏散方向开启。

值得注意的是，当楼梯间的首层紧接主要出口时，若做成封闭楼梯间影响首层大厅空间处理，可将走道和门厅等包括在楼梯间内，形成扩大的封闭楼梯间，但应采用乙级防火门等防火措施与其他走道和房间隔开。

（4）剪刀楼梯间的要求

当塔式高层建筑布置两部楼梯确有困难时，可设置一座剪刀楼梯间。剪刀楼梯间是在同一楼梯间设置一对相互重叠，又互不相通的两个楼梯（图 1-70），在其楼层之间的梯段为单跑直梯段。剪刀楼梯的特点是在同一

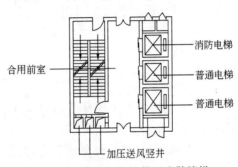

图 1-70　塔式住宅的剪刀疏散楼梯

楼梯间内具有两条垂直方向疏散通道的功能，在平面设计中既节约空间又达到双向疏散的作用。为使剪刀楼梯间满足安全疏散要求，设计过程中应满足以下要求：

- 剪刀楼梯间应按防烟楼梯间要求设置，两梯段之间应分隔为两座独立的梯间，保持两条疏散通道成为各自独立的空间。
- 高层旅馆、办公楼等公共建筑的剪刀楼梯间，要求每个楼层都布置两个防烟前室。
- 塔式高层住宅可设置一个防烟前室。但两座楼梯间应分别设加压送风系统（图 1-70）。

4）疏散楼梯间布置要求

疏散楼梯在竖向及各层位置不变，能上能下，且底层有直接通往室外的出入口，并应直通屋顶（且不少于两座）。万一下面火势蔓延，可上屋顶等待直升飞机或消防人员援救。

1.7.2 电梯

1）电梯及电梯厅的布置

高层建筑的主要竖向交通工具是电梯，电梯的选用及电梯厅的位置对高层建筑的疏散起着重要作用，特别是在防火、安全方面尤为重要。

（1）电梯及电梯厅的布置原则

- 电梯及电梯厅要适当集中。其位置要适中，以使对各层和层间的服务半径均等。
- 分层分区：规定各电梯的服务层，使其服务均等。超高层建筑中，要将电梯分为高、中、低层运行组，如图 1-71 所示。

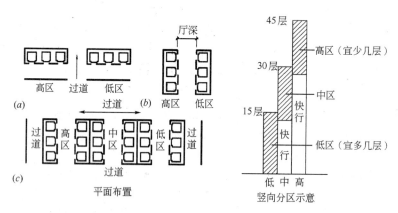

图 1-71 电梯分层分区

- 主要通道要与电梯厅分隔开，以免相互干扰，将电梯厅设在凹处。

电梯厅的布置方式如图 1-72 所示。

- 电梯的设置首先要考虑安全可靠，方便用户，其次才是经济。我国目前对电梯的设置尚无量的规定，但在保证一定服务水平的基础上，要使电梯的运载

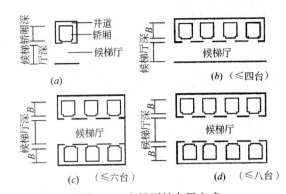

图 1-72 电梯厅的布置方式
(a) 单台电梯；(b) 多合并列；(c) 凹室式布置；(d) 多台对列

能力与客流量平衡。国外一些国家给予电梯方便程度作了定量规定，即服务水平，其值等于在电梯运行的高峰小时里，乘客等候电梯的平均值（英国和日本规定在 60～90s 之间较为理想）。

(2) 电梯厅的位置

电梯在高层建筑中的位置一般可以归纳为：在建筑物平面中心；在建筑的平面一侧或两侧；在建筑物平面基本体量以外。如图 1-73 所示。

(3) 消防电梯的设置

《高层民用建筑设计防火规范》GB 50045—95（2005 版）规定，一类公共建筑、塔式住宅、12 层及 12 层以上的单元式住宅和通廊式住宅、高度超过 32m 的其他二类公共建筑均应设置消防电梯。并应根据每层建筑面积大小来设置消防电梯数量，当不大于 $1500m^2$ 时设一台，大于 $1500m^2$ 时设两台，大于 $4500m^2$ 时设三台。消防电梯应设前室，其面积居住建筑不小于 $4.5m^2$；公共建筑不小于 $6m^2$，若与防烟楼梯合用时居住建筑不小于 $6m^2$；公共建筑不小于 $10m^2$。

消防电梯井、机房与相邻电梯井、机房之间均应采用耐火极限不低于 2h 的墙隔开，如在隔墙上开门，应设甲级防火门。前室应采用乙级防火门或具有停滞功能的防火卷帘。井底应设排水设施。消防电梯的行驶速度，应按从首层到顶层的运行时间不超过 60s 计算确定。轿箱内应设专用电话，并应在首层设供消防队员专用的操作按钮。

2) 电梯的类型

(1) 按使用性质分

- 客梯：主要用于人们在建筑物中竖向的联系。
- 货梯：主要用于运送货物及设备。
- 消防电梯：用于发生火灾、爆炸等紧急情况下作安全疏散人员和消防人员紧急救援使用。

(2) 按电梯行驶速度分

为缩短电梯等候时间，提高运送能力，需确定恰当速度。根据不同层数和不同使用要求可分为：

- 高速电梯。消防电梯常用高速，速度大于 $2.5m/s$，客梯速度随层数增加

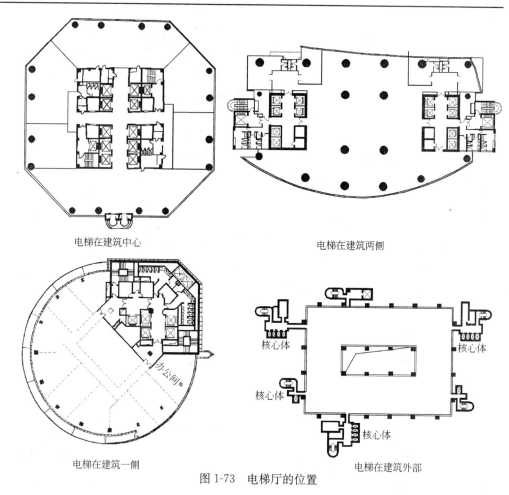

图 1-73 电梯厅的位置

而提高。
- 中速电梯。一般货梯按中速考虑,速度在 2.5m/s 之内。
- 低速电梯。运送食物电梯常用低速,速度在 1.5m/s 以内。

(3) 其他分类

有按单台、双台分;按交流电梯、直流电梯分;按轿厢容量分;接电梯门开启方向分(左开门、右开门、中开门、贯通左、贯通右等)。

(4) 观光电梯

观光电梯是把竖向交通工具和登高流动观景相结合的电梯。20 世纪 60 年代,随着高层旅馆的大量兴建、中庭诞生,出现了观光电梯。电梯从封闭的井道中解脱出来,透明的轿厢使电梯内外景观相互流通,是交通工具从单一功能到多功能的发展。北京长城饭店、西苑饭店、上海华亭宾馆等均已采用。

- 观光电梯与电梯厅合一。它既是中庭的组景因素,又是旅馆的主要竖向交通工具,在客房层层停站,如图 1-74 所示。
- 分列式。观光电梯与电梯厅分开布置,观光电梯承担低层到屋顶旋转餐厅的交通量,通常位于客房楼的外壁,另设电梯厅承担竖向交通,如图 1-75 所示。
- 综合式。封闭的电梯同观光电梯共同组成电梯厅。观光电梯面向中庭式

第1章 高层建筑构造

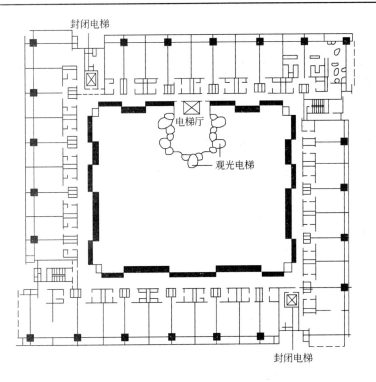

图 1-74 亚特兰大海特摄政旅馆客房层平面

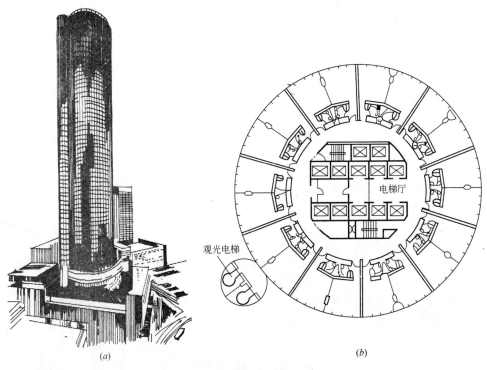

图 1-75 亚特兰大桃树广场旅馆观光电梯
(a) 透视图；(b) 客房层平面

外部空间，如图1-76所示。

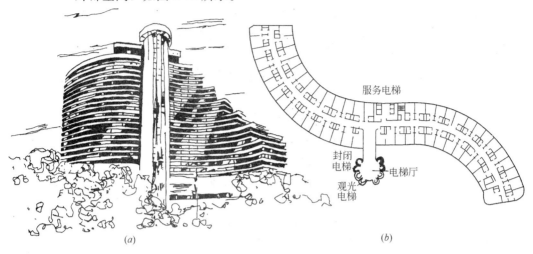

图1-76 上海华亭宾馆观光电梯
(a) 透视图；(b) 四层平面图

3) 电梯的组成

电梯由下列几部分组成。

(1) 电梯井道

不同性质的电梯，其井道根据需要有各种井道尺寸，以配合各种电梯轿厢供选用。井道壁多为钢筋混凝土井壁或框架填充墙井壁。观光电梯井壁可用通高玻璃幕墙，乘客可通过玻璃幕墙观赏室外景色。

(2) 电梯机房

机房和井道的平面相对位置允许机房任意向两个相邻方向伸出，并满足机房有关设备安装的要求，如图1-77所示。

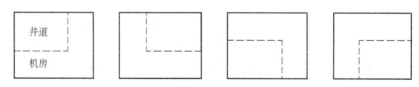

图1-77 机房与井道的相对位置

(3) 井道基坑

一般基坑在最底层平面标高以下至少1.4m，作为轿厢下降时所需的缓冲器的安装空间。

(4) 组成电梯的有关部件

- 轿厢，是直接载人、运货的厢体。
- 井壁导轨和导轨支架，是支承、固定轿箱上下升降的轨道。
- 牵引轮及其钢支架、钢丝绳、平衡锤、轿厢开关门、检修起重吊钩等。
- 有关电器部件，交流、直流电动机、控制柜、继电器、励磁柜、选层器、动力照明、电源开关、厅外层数指示灯和厅外上下召唤盒开关。

4) 电梯与建筑物的相关部位构造

（1）井道、机房建筑的一般要求

- 机房内应当干燥，与水箱和烟道隔离，通风良好，寒冷地区应考虑采暖，并应有充分照明。
- 通向机房的通道和楼梯宽度不小于 1.2m，并应有充分照明，楼梯坡度不大于 45°。
- 机房楼板应平坦整洁，能承受 6kPa 的均布荷载。
- 井道壁应是垂直的，井道尺寸只允许正偏差，其值不超过：对于井道宽度和深度为 50mm，在每个平面上，对井道壁与其相应的理想的偏差为 30mm。
- 井道底坑应是防水的，300mm 缓冲器水泥墩子，待安装时浇制，须留钢筋 4 根，伸出地面 300mm。
- 井道壁为钢筋混凝土时，应预留 150mm 见方、150mm 深孔洞，垂直中距 2m，以便安装支架。
- 框架梁（圈梁）上应预埋铁板，铁板后面的焊件与梁中钢筋焊牢。每层中间加圈梁一道，并需放置预埋铁板。
- 井壁为砖墙时，在安装时钻孔预埋导轨支架。
- 电梯为两台并列时，中间可不用隔墙而按一定的间隔放置钢筋混凝土梁或型钢过梁，以便安装支架。

（2）电梯导轨支架的安装

安装导轨支架分预留孔插入式和预埋铁焊接式，如图 1-78 所示。

1.7.3 自动扶梯

19 世纪初，全世界第一台自动扶梯于法国巴黎的国际展览中心安装以后，自动扶梯便广泛应用于车站、码头、空港、商场等人流量大的建筑物中，它为乘客提供了既舒适又快捷的层间上下运输服务。

自动扶梯可分为"商业用"及"公共用"两大类型，商业用扶梯除了提供乘客们一种既方便又舒适的上下楼层间的运输工具外，在一些高层建筑的中庭以及商业中心和百货商场中，自动扶梯可引导乘客走一些既定路线，以引导乘客游览、购物。至于公共用自动扶梯的主要任务，则是在最短时间内，将乘客由一层楼运送至另一层楼。

一般自动扶梯均可正逆方向运行，停机时可当作临时楼梯行走。但必须注意，自动扶梯不允许作为疏散楼梯使用，因此，在建筑物中设置自动扶梯时，上下两层面积总和若超过防火分区面积要求时，应设防火隔断或复合防火卷帘以封闭自动扶梯。

1) 自动扶梯的布置方式

自动扶梯在建筑物中主要有以下几种布置方式（图 1-79）。

（1）单台布置

这种布置方式往往将两台自动扶梯分设于平面的两侧，一台负责向上运输客流，一台负责向下运输客流。该布置方式有利于在平面中部形成整体开敞的空间，

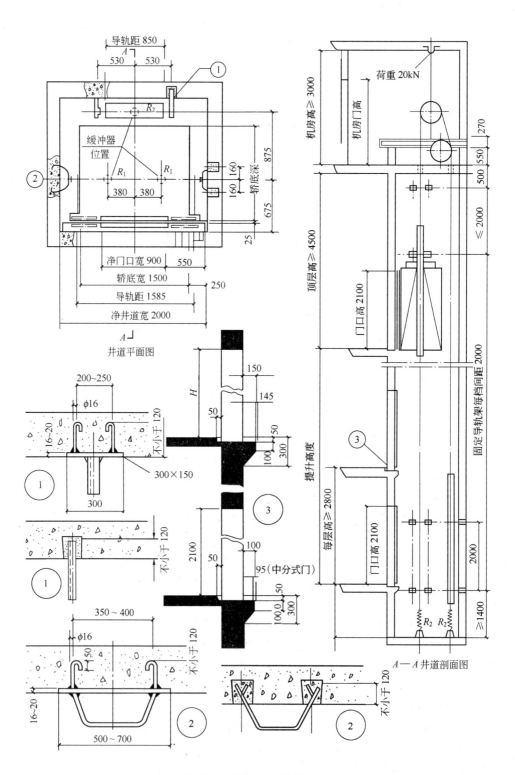

图 1-78 电梯构造（单位：mm）

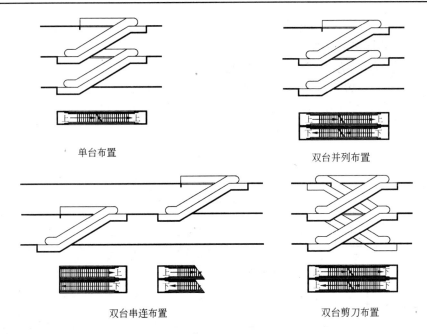

图 1-79 自动扶梯的布置方式

但乘客流动不连续，上行下行的导向性也不明确。

（2）双台并列布置

这种布置方式往往将两台电梯平行布置于一起，设在平面中部，自动扶梯的导向性明确，但乘客流动不连续，且搭乘场较近，升降流易发生混乱。

（3）双台串连布置

该布置方式将各层自动扶梯有规律地偏移一定距离，其空间效果良好，同时乘客流动连续，导向性明确，但安装面积较大，适用于面积较大，进深较深且服务楼层不多的建筑。

（4）双台剪刀布置

将两台自动扶梯交叉布置，使乘客流动升降方向均为连续，且搭乘场远离，升降流不易发生混乱，安装面积较小，是目前运用较多的一种布置方式。

2）自动扶梯的客流量

自动扶梯一般运输的垂直高度为 0~20m，而有些扶梯运输的垂直高度可达 50m 以上。踏板的宽度一般为 600~1000mm 不等，速度则为 0.45~0.75m/s。常用速度为 0.5m/s。自动楼梯的理论载客量为 4000~13500 人次/h。其计算方法如下：

$$Q = (n \times v \times 3600)/0.40$$

式中　Q——每小时载客人次；

　　　v——扶梯速度；

　　　n——每级踏板站靠人数。

600mm 踏板……$n=1$

800mm 踏板……$n=1.5$

1000mm 踏板……$n=2$

3) 自动扶梯的尺寸

自动扶梯的角度有三种，正常情况下应选用30°；当扶梯兼作楼梯使用时可选27.3°；当紧凑布置时选用35°。扶梯宽度考虑单人上下时为600mm，单人携物时800mm，考虑双人上下时可选用1000、1200mm。其他相关尺寸如图1-80所示。

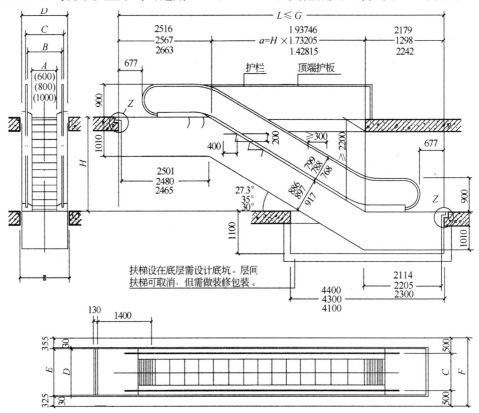

图1-80 自动扶梯的尺寸（单位：mm）

1.7.4 高层建筑的防火设施

高层建筑及超高层建筑功能复杂、高度高、层数多、人员密集，因而在火灾时安全疏散和消防扑救都产生很大困难，故防火设计是不可忽视的。

高层建筑的防火设计应遵循《高层民用建筑设计防火规范》GB 50045—95（2005版），并参考深圳有关高层建筑防火补充规范及香港有关建筑防火规范进行设计。设计以"防"为主，以"消"为辅，在火灾发生前，积极预防，火灾发生后要有防止火势蔓延和便于扑救的有效措施。

1) 自动报警系统

它是通过烟/温感探测器自动喷洒和气体消防系统的报警信号，以及自动报警的火灾信号自动输入中央控制室，经屏幕显示，打字记录，中央控制管理人员及消防人员根据火灾情况进行紧急联系和发出有程序的灭火及疏散等各项指令程序和广播。

2) 避难层的设置及布置方式

《高层民用建筑设计防火规范》GB 50045—95（2005版）规定，建筑高度超过100m的公共建筑，应设置避难层（间），首层至第一个避难层或两个避难层之间，不宜超过15层。避难层净面积按5人/m^2计算。避难层可兼作设备层，避难层应设消防电梯出口，并设消防专用电话。

避难层一般有敞开式和封闭式两种布置方式：敞开式即外墙为柱廊式，装有可开启的百叶窗，烟雾可直接排出室外，不需设机械排烟设施，造价低，在目前高层建筑中广为采用；封闭式是在不具备自然排烟条件或使用功能，或立面要求不能作敞开或只能选用有排烟装置的情况下布置的避难层。

3) 直升飞机停机坪的设计

为解决和缓和上部楼层人员在紧急情况下的疏散，《高层民用建筑设计防火规范》GB 50045—95（2005版）规定，建筑高度超过100m，且标准层面积超过1000m^2的公共建筑，宜设置屋顶直升飞机停机坪，并须做到以下几点：

（1）必须避开高出屋顶的设备机房、电梯机房、水箱间、共用天线等突出物，并保证与其距离不小于5m。

（2）停机坪为圆形时，其直径应为$D+10m$，D为飞机旋翼直径。如为矩形，则短边宽度应不小于机身长度。

（3）停机坪周围设800～1000mm高的安全护栏。

（4）通向停机坪的出口应不少于2个，每个宽度不小于0.9m。

（5）停机坪适当部位应设消火栓。

此外，机坪的承载能力应根据当地消防部门使用的直升飞机型号确定。起降区要考虑动荷载的冲击力。为保证夜间起降安全，应设置照明装置，灯之间的间距不大于3m。应在停机坪两个方向设着陆方向灯，间距为0.6～4m。泛光灯则应设在与着陆方向灯相反的方向，并高出地面1.5m，如图1-81所示。

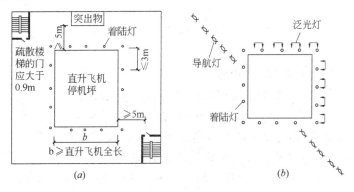

图1-81 直升飞机停机坪
(a) 直升飞机停机坪的一般规定；(b) 导航灯、泛光灯等的设置

第 2 章　建筑装修构造

Chapter 2
Finishing and Decoration of Building

建筑装修是在建筑的主体结构工程的外表面，为了满足使用功能和营造环境的需要所进行的装设与修饰。

建筑装修根据使用材料的不同，可以分为无机装修材料（铝合金、大理石、玻璃等）和有机装修材料（木材、竹材、有机高分子材料等）两大类。根据装修部位的不同，可以分为外墙装修、内墙装修、地面装修、吊顶装修等。

建筑装修的作用，首先是改善环境条件，满足各类建筑的功能要求，其次是保护结构，使建筑物的各部构件的寿命得以延长，还可以装饰和美化建筑物，充分表现建筑所要表示的美学特征。

建筑装修设计必须满足功能和使用要求，如墙面抹灰可以起到提高墙体的热工性能，延缓凝结水的出现，对吸声和隔声也有一定的作用。地面装修则主要是为了保护基底材料和楼板，达到装饰目的，满足使用要求。吊顶装修应满足美化环境和照明、隔声等要求。建筑装修应具有合理的耐久性。耐久性一般表现在与结构层的附着力及防止脱落、起皮、褪色、变质、锈蚀的能力。建筑装修还应针对不同建筑物的装修标准来选择装修材料与做法。建筑装修的质量标准、选用材料、构造做法等都与造价有关。据统计，一般民用建筑的装修费用约占土建造价的20%～30%，标准较高的工程，装修费用可达40%～50%。建筑装修还应考虑材料供应和施工技术条件，注意材质的特点，选择合理的施工方法，以保证装修质量。

各部位的装修做法均包括基层与饰面层两大部分，其做法多种多样，装饰效果也不尽相同。这一章，将在《建筑构造》上册的基础上进一步讲述一些较高级的和较特殊的建筑装修构造做法。

2.1 墙面装修构造

2.1.1 铺贴式墙面

1) 天然石材墙面

天然石材墙面包括花岗石墙面、大理石墙面和碎拼大理石墙面等几种做法。天然石材墙面具有庄重、典雅、富丽堂皇的效果，是墙面高级装修的做法之一。

(1) 天然石材的种类

花岗石：花岗石属于岩浆岩。除花岗岩外，还有安山岩、辉绿岩、辉长岩、片麻岩等，常呈整体均粒状结构，其构造致密，强度和硬度极高，孔隙率和吸水率小，并具有良好的抗酸碱和抗风化能力，一般多用于室外装修，耐用期可达100～200年。作为饰面材料的花岗岩可以为毛面或表面磨细抛光，经磨光处理的花岗石板，光亮如镜，质感丰富，有华丽高贵的装饰效果。而细琢加工的板材，具有古朴坚实的装饰风格。花岗石的颜色很多，常见的有粉红色、灰白色、灰色、暗红色等。

花岗石适用于宾馆、商场、银行和影剧院等大型公共建筑的室内外墙面和柱面的装饰，也适用于地面、台阶、楼梯、水池和服务台等造型面的装饰。

大理石：大理石是指变质或沉积的碳酸盐类的岩石，如大理岩、白云岩、灰岩、砂岩、页岩和板岩等。著名的汉白玉就是北京房山县的白云岩，大理石则是产于云南大理的大理岩。大理石的颜色很多，常见的有白色、灰色、乳白色、浅绿色、粉红色、灰黑色等。大理石表面磨光后，纹理雅致、色泽艳丽，有美丽的斑纹或条纹，具有很好的装饰性。但大理石比花岗石"软"，且不耐酸碱，因此大理石板材一般多用于室内干燥的装饰工程，如墙面、柱面、地面、楼梯的踏步面，服务台和吧台的立面或台面。为使光泽永存，要求表面上光打蜡。大理石如果必须在室外采用时，应涂刷有机硅等涂料，以防止空气中的二氧化碳对大理石的腐蚀。

碎拼大理石：大理石生产厂裁割的边角废料，经过适当的分类加工，也是较高级的装修材料。采用碎拼大理石可以降低造价，装饰效果同样清新雅致，自然优美。

(2) 天然石材的规格

由矿物体中分离出来的具有规则形状的石材叫荒料。荒料尺寸要适应于加工设备的加工能力。一般 $1m^3$ 的大理石荒料可以出 20mm 厚的板材 20 m^2 左右。余下的边角可作碎拼大理石用。

我国目前常采用的大理石板的厚度为 20mm，而目前国际上采用的天然薄板大理石，其厚度为 7～10mm，使大理石的铺贴面积增加了 2～3 倍，而且成本降低了许多。

我国大理石板材也准备从厚板向薄板过渡，其外形要求一面抛光，四边倒角，板的反面有开槽和不开槽两种。由于板材的减薄，也带来了连接方法的变化。

花岗石的成材厚度基本上与大理石板材相同。每块天然石材的平面尺寸通常不超过 600～800mm。

(3) 天然石材安装前的准备工作

天然石材在安装前必须根据设计要求核对石材品种、规格、颜色，并进行统一编号。然后用电钻打好安装孔，较厚的板材应在其背面凿两条 2～3mm 深的砂浆槽。板材的阳角交接处，应做好 45°的"倒角"。最后根据石材的种类及厚度，选择不易脱落的连接方法。

(4) 天然石材的安装

天然石材的安装必须牢固。防止脱落，常见的方法有以下三种：

• 拴挂法

这种做法的特点是在铺贴基层时，应拴挂钢筋网，然后用铜丝绑扎板材，并在板材与墙体的夹缝内灌以水泥砂浆，如图 2-1 所示。

拴挂法的构造要求是：

a. 在墙柱表面拴挂钢筋网前，应先将基层剁毛，并用电钻打直径 6mm 左右，深度 60mm 左右的孔，插入 $\phi6$ 钢筋，外露 50mm 以上并弯钩，在同一标高上插上水平钢筋并绑扎固定。

b. 把背面打好眼的板材用双股 16 号铜丝或不易生锈的金属丝拴结在钢筋

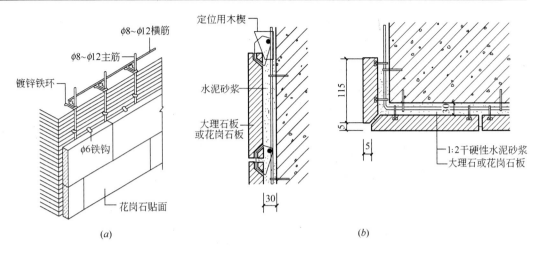

图 2-1 天然石材墙面

网上。

c. 灌注砂浆一般采用 1∶2.5 的水泥砂浆，砂浆层厚 30mm 左右。每次灌浆高度不宜超过 150~200mm，且不得大于板高的 1/3，待下层砂浆凝固后，再灌注上一层，使其连接成整体。

d. 最后将表面挤出的水泥浆擦净，并用与石材同颜色的水泥浆勾缝，然后清洗表面。

由于拴挂法采用先绑后灌浆的固定方式，板材与基层结合紧密，适合于室内墙面的安装。其缺点是灌浆易污染板面，且在使用阶段板面易泛碱，影响装饰效果。

• 干挂法

干挂法是用一组金属连接件，将板材与基层可靠地连接，其间形成的空气间层不作灌浆处理。干挂法装饰效果好，石材表面不会出现泛碱，采用干作业使施工不受季节限制，且施工速度快，减轻了建筑物自重，有利于抗震，适用于外墙装修。

干挂法的施工步骤是：将天然石材上下两端各钻两个孔，将可多向调节的连接件插入其中固定石材，定位后用胶封固。

根据建筑外表面的不同特征，连接件与结构体系的连接可分为有龙骨体系和无龙骨体系。一般框架结构，由于填充墙不能满足强度要求，往往采用有龙骨体系。有龙骨体系由主龙骨（竖向）和次龙骨（横向）组成，主龙骨可选用镀锌方钢、槽钢、角钢，并与框架边缘可靠连接，次龙骨多用角钢，间距由石材规格确定，通常直接焊接在主龙骨上，连接件直接与次龙骨连接（图 2-2）。钢筋混凝土墙面时往往采用无龙骨体系，将连接件与墙体在确定的位置直接连接（焊接或栓接）（图 2-3）。

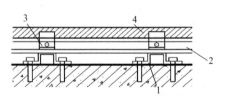

图 2-2 干挂石材有龙骨体系
1—主龙骨；2—次龙骨；3—舌板；4—石材

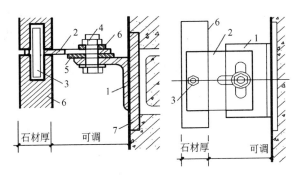

图 2-3 干挂石材无龙骨体系
1—托板；2—舌板；3—销钉；4—螺栓；5—垫片；6—石材；7—预埋件

- 聚酯砂浆固定法

这种做法的特点是采用聚酯砂浆粘结固定。聚酯砂浆的胶砂比常为 1：4.5～5.0，固化剂的掺加量随要求而定。施工时先固定板材的四角和填满板材之间的缝隙。待聚酯砂浆固化并能起到固定拉结作用以后，再进行灌缝操作。砂浆层一般厚 20mm 左右。灌浆时，一次灌浆量应不多于 150mm 高，待下层砂浆初凝后再灌注上层砂浆。

- 树脂胶粘结法

这种做法的特点是采用树脂胶粘结板材。它要求基层必须平整。最好是用木抹子搓平的砂浆表面，抹 2～3mm 厚的胶粘剂，然后将板材粘牢。

一般应先把胶粘剂涂刷在板的背面的相应位置，尤其是悬空板材，涂胶必须饱满。施工时将板材就位、挤紧、找平、找正、找直后，应马上进行顶、卡、固定，以防止脱落伤人。

2) 人造石材墙面

人造石材墙面包括水磨石、合成石材。人造石材墙面可以与天然石材媲美，但造价要低于天然石材墙面。

(1) 人造石材的种类

预制水磨石板：水磨石板经过分块、制模、浇制、表面加工等工序制成。板材面积一般在 $0.25～0.50m^2$，常用的尺寸为 400mm×400mm 或 500mm×500mm，板厚在 20～25mm 之间。预制水磨石板分普通与美术两种板材。普通水磨石板采用普通水泥制成，美术水磨石板采用白色水泥制成。

为了防止板材运输时破碎，制作时宜配以 8 号钢丝或 $\phi 4～\phi 6$ 钢筋网。面积超过 $0.25m^2$ 时，应在板的上边预埋铁件或 U 形钢件。

人造大理石板：人造大理石板所用的材料一般有水泥型、聚酯型、复合型、烧结型等。而聚酯型板材的物理性能和化学性能好、花纹容易设计，而且多种花纹可以同时出现在一块板材上，因而用途最为广泛，但这种板材造价偏高。水泥型价格虽便宜，但耐腐蚀性能差，容易出现细微裂缝。复合型综合了前两种方法的优点，既有良好的物理、化学性能，成本也较低。烧结型以黏土作胶粘剂，但需要经过高温焙烧，耗能大，造价高。

人造大理石板的厚度为 8~20mm，它经常应用于室内墙面、柱面、门套等部位的装修。

（2）人造石材墙面的安装

人造石材墙面的安装方法应根据板材的厚度而分别采用拴挂法和粘贴法两种。

- 拴挂法

适用于板材厚度为 20~30mm，其构造程序如下：在墙上钻孔或剔槽，预埋 $\phi 6$ 钢筋，长 150mm，其间距随板材的尺寸调整。然后将电焊或绑扎的 $\phi 6$ 双向钢筋网固定于预埋钢筋上。用 18 号铜丝或 $\phi 4$ 不锈钢挂钩安装人造板材，随后用 1：2.5 的水泥砂浆灌缝，最后在板材接缝处用稀水泥浆擦缝，如图 2-4 所示。

- 粘贴法

适用于厚度为 8~12mm 的薄型板材。其构造方法如下：首先处理好基层。当基层墙体为砖墙时，应先用 1：3 水泥砂浆打底、扫毛或划纹。当墙体为混凝土墙时，应先刷 YJ-302 型混凝土界面处理剂，并抹 10mm 厚 1：3 水泥砂浆打底，表面扫毛或划纹。随后再抹 6mm 1：2.5 水泥砂浆罩面，然后粘贴面板。一般在板材的背面满涂 2~3mm 厚 YJ-Ⅲ型建筑胶粘剂。最后在板材接缝处用稀水泥浆擦缝。这种方法仅适用于板材尺寸不大于 300mm×300mm 和粘贴高度在 3m 以下的非地震区的室内装修中。

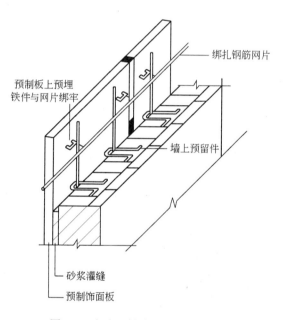

图 2-4 人造石材墙面的拴挂法安装

（3）大型陶瓷饰面板

这种板材采用陶土焙烧而成。其面积可达 305mm×305mm~710mm×710mm，厚度为 4~8mm，这种板材吸水率小，表面平整，抗腐蚀好。这种板材的表面可做成平面或凤尾、凹凸、布纹、网纹等多种浮胎花纹图案，适用于宾馆、机场等大型公共建筑的墙、柱表面装饰。这种板材应先拴结并以砂浆固定。

2.1.2 板材墙面

板材墙面属于高级装修。板材的种类很多，常见的有木制板、金属板、石膏板、塑料板、铝合金板及其他非金属板材等。它不同于传统的抹灰装修及贴面装修，它是干作业法，其最大的特点是不污染墙面和地面。

1）木板墙面

木板墙面由木骨架和板材两部分组成。具体做法是首先在墙体内预埋木砖，再钉立木骨架，最后将木板用镶贴、钉、上螺钉等方法固定在木骨架上。

（1）木骨架

板材墙面不论是大面积墙面、柱面或门窗洞边的筒子板，都应以设计要求为准。木骨架一般分为纵向、横向龙骨，并以纵向龙骨与墙体内预埋的防腐木砖连接，防腐木砖中距一般为500～1000mm。若墙体为混凝土墙，应加钉防腐木楔。一般先用电钻钻孔，孔径不应小于20mm，深度不应小于60mm，然后将木楔钉入。也可以在钻孔后，放直径为6mm的膨胀螺栓，木龙骨上需按螺栓位置钻孔，并用螺纹射钉固定。

为防止板材变形（特别是受潮变形），一般应先在墙体上刷热沥青一道（或刷改性沥青一道），再干铺石油沥青抽毡一层。

木龙骨的断面为40mrn×40mm或50mm×50mm，与板材的接触面应刨光，其纵向、横向间距一般为400～600mm。具体尺寸应按板材规格确定。木龙骨与墙体接触面也应刷氟化钠防腐剂。木龙骨用钉子钉于木砖上或木楔上、此外，还可以采用射钉直接钉于混凝土墙上，射钉间距为1000mm，如图2-5所示。

（2）木板

一般采用10mm厚的木板，也可以采用5mm厚的胶合板，采用镶贴、射钉、上螺钉等方法固定在木骨架上。板材表面应刷油漆。一般做法为先刷润油粉一道，刮腻子、刷底油、清漆四道，最后磨退出色。也可以在木板或胶合板的表面打孔，穿孔位置及形状由设计人按声学要求选用。

木板的树种大多为硬木板。胶合板可以采用针叶树种（松木）和阔叶树种（桦木、水曲柳、荷木、椴木、杨木等）制作。胶合板规格一般为长度2440mm，宽度1220mm。厚度为4～5mm等。

木板或胶合板墙的根部，应做木踢脚。板材之间的接缝可采用压条、分离缝、高低缝等做法。阴角和阳角还可以对接或斜接，如图2-5所示。

木板或胶合板材墙的墙裙，应做好上端的封边或压顶。墙裙高度在1800～2000mm之间。

有吸声要求的木板墙面，应在木板与木龙骨之间填以玻璃棉、矿棉、泡沫塑料等吸声材料。在一些有反射声音要求的墙面，如录音室、播音室、录相室等，可采用胶合板做成断面形状为半圆形或其他形状的凸形墙面。

2）装饰板材墙面

这种板材的骨架可以采用木骨架，也可以采用钢骨架，有关金属骨架的内容详见本节"金属板材墙面"。常见的板材有以下几种：

（1）装饰微薄木贴面板

这种板材选用珍贵树种，通过精密刨切制成厚度为0.2～0.5mm的微薄木

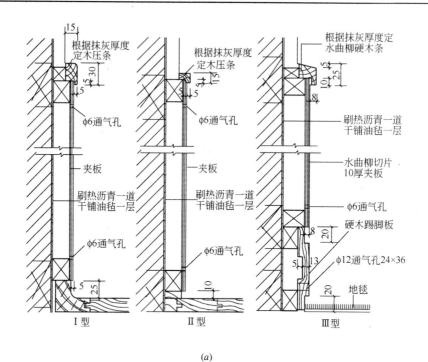

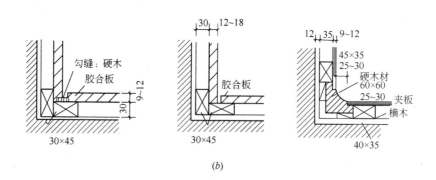

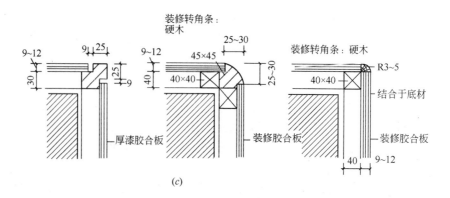

图 2-5 木板墙面
(a) 踢脚板和压顶的处理；(b) 阴角处理；(c) 阳角处理

板，再用胶粘剂贴在胶合板上，其表面具有木纹式样。这种板材的规格有1830mm×915mm，1830mm×1220mm和2135mm×915mm，2135mm×1220mm。它多采用钉装法固定在木骨架上。

(2) 印刷木纹人造板

这种板材是在人造板的表面用凹板花纹胶辊精印各种花纹而成。这种板材又叫表面装饰人造板。人造板可以选用胶合板、纤维板、刨花板等，其规格视各厂产品而异。常用的有2480mm×1200mm×(3.5～19)mm，2000mm×1000mm×(3～4)mm(长×宽×厚)。

这种板材采用粘结法或钉接法固定。

(3) 大漆建筑装饰板

这种板材是在木板表面以我国特有的大漆技术装饰处理而成。大漆属于天然树脂漆，具有漆膜光亮、色彩鲜艳夺目、保水性耐水性好、不怕火烫和水烫等优点，多用于高级建筑的柱面、墙面装饰。这种板材的规格为610mm×320mm，花色品种很多，采用粘结方法固定。

(4) 玻璃钢装饰板

这种板材以玻璃布为增强材料，用不饱和树脂为胶粘剂，加入固化剂、催化剂制成。它具有色彩多样、硬度高、耐磨、耐酸碱、耐高温等优点。

这种板材的规格不一，大体为(700～2000)mm×(500～900)mm×0.5mm(长×宽×厚)，一般采用粘结法固定。

(5) 塑料贴面装饰板

这种板材是在纸上彩印各种图案，浸以不同类型的热固性溶液，经过热压粘贴于各种木质板材上而成。

这种板材具有耐潮湿、耐磨、耐燃烧、耐一般酸碱、油脂及酒精侵蚀等特点。其花色品种有镜面、柔光、水纹、浮雕等。塑料贴面板的规格，厚度为0.6～2mm，长度为720～2455mm，宽度为450～1230mm。

(6) 聚酯装饰板

这种板材的物理化学稳定性好，强度高，表面耐水性、耐污染性好，可以覆塑在胶合板、刨花板、中密度纤维板、水泥石棉板或金属板上，是一种较好的室内装饰材料。

这种板材可以粘贴或钉于基层上。

(7) 覆塑中密度纤维板

这种板材采用尿醛树脂为胶粘剂，用热压法在中密度纤维板的表面粘贴塑料板而成。

使用这种板材时，不用油漆，且耐磨、耐烫，易于擦洗。这种板材可以粘贴或钉于基层上。

(8) 聚氯乙烯塑料装饰板

这种板材是以聚氯乙烯树脂(PVC)与稳定剂、颜料等经过捏合、混炼、拉片、挤出、压延而成。它有质轻、防潮、隔热、不易燃、不吸尘、可涂饰等优点。

这种板材的规格：厚度为 1.5~6mm，长度为 700~2000mm，宽度为 650~1150mm。可以采用胶粘法或钉固法与基层固定。

（9）纸面石膏板材

这种板材是以熟石膏为主要原料，掺入适量外加剂与纤维作板芯，用牛皮纸为护面层的一种板材。石膏板的厚度有 9、12、15、18、25mm，板长有 2400、2500、2600、2700、3000、3300mm，板宽有 900、1200mm 两种。具有可刨、可锯、可钉、可粘等优点。

纸面石膏板可以采用粘贴法或钉固法固定于骨架上。

（10）防火纸面石膏板

这种板材中夹有石棉纤维，具有一定防火性能。可用于建筑物有防火要求的部位，其规格尺寸与纸面石膏板相同。

这种板材一般与轻钢龙骨固定，采用自攻螺钉连接。安装双层石膏板时，板缝应错开。钉子间距在 200~300mm 之间。

3）金属板材墙面

金属板材墙面由骨架及板材两部分组成。

（1）骨架

金属板材墙面要用承重骨架与结构构件（梁、柱）或围护构件（砖、混凝土墙体）连接。承重骨架由横竖杆件拼成，材质为铝合金型材或型钢，常用的有各种规格的角钢、槽钢、V 形轻金属墙筋、木方等。在工程中采用较多的是角钢或槽钢骨架，其构造方法在本书上册中已讲述，这里不再重复。

（2）金属板材

• 彩色涂层钢板。彩色涂层钢板的原板为冷轧钢板和镀锌钢板，表面分为有机涂层、无机涂层和复合涂层三种做法。彩色涂层钢板是一种复合材料，兼有钢板和有机材料两者的优点。既有钢板的机械强度和良好的加工成型性，又有有机材料良好的耐腐蚀性和装饰性，是一种用途广泛、物美、价廉，经久耐用的新型装饰板材。

• 铝合金装饰板具有重量轻、易加工、强度高、刚度好、经久耐用、防火、防潮、耐腐蚀等特点。铝合金装饰板按装饰效果分为有以下几种：

a. 铝合金花纹板：铝合金花纹板用特制的花纹轧辊轧制而成。板材的花纹美观大方，肋高适中，不易腐蚀，防滑性能好，耐磨性能强、铝合金花纹板的规格为：厚 1.5~7.0mm，长 2000~10000mm，宽 1000~16000mm。

b. 铝质浅花纹板。铝合金浅花纹板花纹精巧别致，色泽美观大方，比普通铝合金板刚度提高 1/5。这种表面有立体图案和美丽色彩的板材，对白色光的反射率达 75%~90%，热反射率达 85%~90%。板材表面花纹呈小桔皮形、大菱形、小豆点形、小菱形点形、月季花形等，厚 0.25~1.5mm，长 1500~2000mm，宽 200~400mm。

c. 铝及铝合金波纹板。铝及铝合金波纹板主要用于墙面装修，有银白、古铜等多种颜色。这种板材有较强的反射能力，可以抵御大气中的各种污染。这种板材的厚度为 0.7~1.2mm，宽度为 1008mm，长度分别为 1700、3200、

6200mm。

d. 铝及铝合金压型板。铝及铝合金压型板是目前世界上广泛利用的一种新型材料。这种板材有质量轻、外形美观、耐久、耐腐蚀、安装容易、施工速度快等优点。这种板材表面经过处理后可得彩色压型板。

这种板材的规格：厚度为 0.5~1.0mm，宽度为 100~1170mm，长度在 2000~6000mm 之间。

e. 铝及铝合金冲孔平板。铝及铝合金冲孔平板系各种铝合金平板经机械冲孔而成。它的特点是防腐性能好、光洁度高，有良好的消声性能。在有消声要求的专用建筑中，可以广泛采用。铝及铝合金冲孔板的板厚为 1.0~1.2mm，孔径为 6mm，宽度为 492~592mm，长为 492~1250mm。

(3) 金属板材的安装

金属板材的安装主要有两大类型：一种是将板材用螺钉拧到承重骨架上（图2-6），这种安装方式，如果是型钢一类的材料焊接成的骨架，可先用电钻在拧螺钉的位置钻一个孔，再将铝合金板条用自攻螺钉拧牢，如果是木龙骨则可用木螺钉将板拧在骨架上，用螺钉固定板条，其耐久性能好，所以多用于室外墙面；另一种方法是用特制的龙骨，将板条卡在特制的龙骨上。这种扣接的方法多用于室内，板的类型一般是较薄的板条(图2-7)。

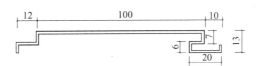

铝合金压型板的板型

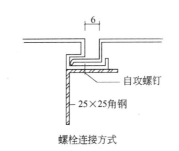

螺栓连接方式

图 2-6 铝合金板材墙的螺栓连接方式

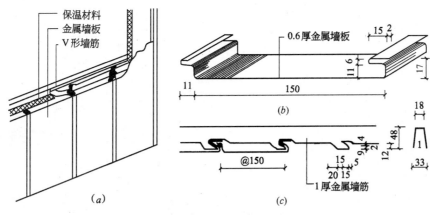

图 2-7 铝合金板材墙的构造（单位：mm）
(a) 轻金属板墙面；(b) 轻金属墙板；(c) V形轻金属墙筋

4）镜面玻璃墙面与玻璃砖墙面

镜面玻璃可分为白色和茶色两种。最大尺寸为 3200mm×2000mm，厚度为 2mm～10mm。它采用高质量的浮法平板玻璃、茶色玻璃为基材；表面镀高纯铝，再覆盖一层镀锌，加一层底漆，最后涂上灰面漆制成。由于镜面尺寸大，成像清晰逼真，抗温热性能好，使用寿命长，比较适合于商业性的场所和娱乐场所墙面、柱面、顶棚及造型面的装饰。洗手间、美发厅、家具上也作为镜子使用。

镜面玻璃墙面的构造是先在墙上立木龙骨，木龙骨纵横呈网格形，其间距视玻璃尺寸而定。木龙骨上作好木板或胶合板衬板。玻璃的固定方法有两种：一种是在玻璃上钻孔，用螺钉和橡皮垫直接钉于木龙骨上。另一种是用嵌钉或盖缝条，将玻璃卡住。盖缝条可以用硬木、塑料、铜铝等金属制成，其连接方法见图 2-8，此外，还可用胶粘剂粘贴于木龙骨上。

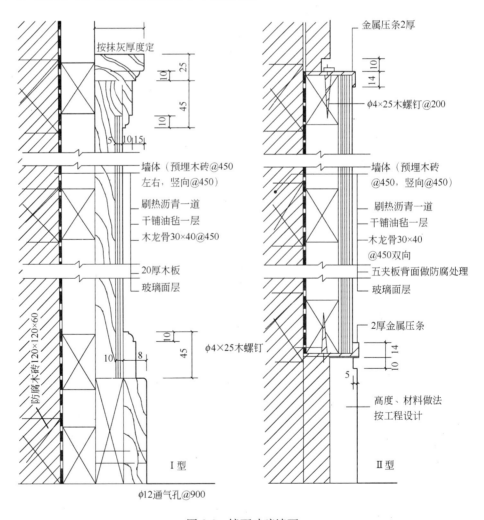

图 2-8 镜面玻璃墙面

安装玻璃砖应注意以下问题：墙或隔断上安装骨架，并与结构妥善连接。

木骨架应在墙上留好木砖,钢骨架应在墙上用混凝土钢钉钉牢。玻璃砖应排列均匀整齐,表面平整,嵌缝的油灰或胶泥应饱满密实。安装玻璃砖墙时,应在较低部位改用其他材料,以免玻璃砖破碎。

2.1.3 裱糊墙面

裱糊墙面即壁纸、墙布,是近年来发展较快,使用最广泛的墙面装饰材料之一,主要用于建筑物室内墙面、顶棚的装饰。壁纸色彩鲜艳丰富,图案变化多样,装饰效果好,并有高、中、低多档次供人们选择,施工中基本是干作业,工效高,且盖缝装饰效果好,因而吸引众多用户使用。

1) 裱糊用的材料

(1) 塑料壁纸

这是一种新型的装饰材料。它以纸基、布基、石棉纤维等为底层,以聚氯乙烯和聚乙烯为面层,经过复合、印花、压花等工序制成。塑料壁纸的品种很多,从表面装饰效果看,有仿锦缎、静电植绒、印花、压花、仿木、仿石等类型。塑料壁纸具有一定的伸缩性和耐裂性,表面可以擦洗,装饰效果好。

塑料壁纸有普通型、发泡型和特种型三种。普通型壁纸是指涂塑、覆塑壁纸。发泡型壁纸是指聚苯泡沫壁纸。特种壁纸是指防火、防水壁纸。

(2) 织物壁纸

织物壁纸是以棉、麻、草等天然纤维制成的各种色泽、花式和粗细不一的纱线,经特殊工艺处理和巧妙的艺术编排,复合于基纸上而制成的一种墙面装饰材料,具有色彩柔和,吸声效果良好,无毒、无味、无反光和透气调湿等特点,适用于饭店、酒吧等高级墙面装饰。

(3) 金属壁纸

金属壁纸是以纸为基材,再粘贴一层电化铝箔,经压合印花而成。其表面有光亮的金属质感和反光性,常用的有金色、银白色、古铜色等,并印有多种图案可供选择。这种壁纸无毒、无气味、无静电、耐湿耐晒、可擦洗、不褪色,多用于公共建筑墙面、柱面作为局部点缀,是一种高档的装饰材料。

(4) 植绒壁纸

植绒壁纸是用静电植绒的方法将合成纤维短绒粘在纸基上,具有丝绒布的质感和手感,不反光,不褪色,有一定的吸声性,但不耐脏,不能擦洗,一般不在大面积上使用,常用于点缀性的装饰上。

(5) 石英纤维壁布

石英纤维壁布又叫玻纤内墙装饰织物。它是以天然石英砂为主要原料,加工制成柔软的纤维,然后织成粗网格状、人字状等的壁布(即玻璃纤维布)。这种壁布用胶贴在墙上后,只作基底,再根据设计者的要求,刷涂各种色彩的乳胶漆,形成多种多样色彩和纹理结合的装饰效果。并可根据需要多次喷涂更新装饰风格,具有不怕水,可用水冲刷,不锈蚀,无毒无味,对人体无害,使用寿命长等特点。

2）裱糊用的胶粘剂

裱糊用胶粘剂有成品和现场调配两类。

成品胶粘剂有粉状和液体两种形式。它的性能好、施工方便，现场加适量水后即可使用。现场调配的常用材料有108胶、聚醋酸乳液（白乳液）、羧甲基纤维素等。聚醋酸乳液或108胶都是裱糊壁纸优良的胶粘剂。

3）裱糊墙面的基层

裱糊墙面的基层，要求坚实牢固，表面平整光洁，不疏松起皮，掉粉、无砂粒、孔洞、麻点和飞刺。污垢和尘土应消除干净，表面颜色要一致。裱糊前，应先刮腻子、磨平。

墙体材料不同，基层的作法也相应改变。在混凝土面、抹灰面（水泥砂浆、水泥混合砂浆、石灰砂浆等）基层，应满刮腻子一遍并用砂纸打磨。面层满刮腻子后，也可以在腻子五、六成干时，用塑料刮板作有规律的压光处理。木质基层要求接缝不显接槎，不外露钉头，接缝处可贴50～70mm宽的加强亚麻布或纸带，或用腻子补平并满刮，最后用砂纸磨平。在纸面石膏板上裱糊时，墙板拼接处应采用专用石膏腻子及穿孔纸带进行嵌封。在无纸石膏板上裱糊时，板面应先刮一遍乳胶石膏腻子。

2.2 地面装修构造

地面装修构造分为底层地面与楼层地面两大部分。常见的构造做法有整体地面、块料地面和其他类型地面（木地面、塑料地面等），本节内容在《建筑构造》上册的基础上介绍一些等级较高的地面装修构造。

2.2.1 天然石材地面

天然石材地面包括花岗石地面和大理石地面。天然石材地面具有良好的抗压强度、质地坚硬、耐磨、色彩丰富、花纹美丽、装饰效果极佳，是理想的高级地面装修材料。

1）花岗石地面

花岗石地面由基层、垫层和面层三部分组成。基层一般为素土夯实，在其上打100mm左右的3∶7灰土或150mm厚卵石灌M2.5水泥白灰混合砂浆，垫层为50～60mm厚的混凝土，在其上做2mm厚1∶3水泥砂浆找平层。面层为20mm厚磨光花岗石铺面，板下用30mm厚1∶3～1∶4干硬性水泥砂浆结合层粘结，板缝用稀水泥浆擦缝。

花岗石楼面由承重层、垫层和面层三部分组成。承重层为钢筋混凝土楼板。为减少楼面荷载，提高隔声效果和铺设电线暗管的需要，垫层宜采用轻集料混凝土，厚度60～100mm，板下用30mm厚1∶3～1∶4干硬性水泥砂浆结合层粘结，板缝用稀水泥浆擦缝。

为提高花岗石楼面的防水性能，可以在轻集料垫层上抹20mm厚1∶3水泥砂浆找平，上刷冷底子油一道，也可以抹1.5mm厚聚氨酯防水层，或采用四涂防水层（即三层玻璃丝布、四层JG—2防水材料），见图2-9。

2）大理石地面

大理石地面由基层、垫层和面层三部分组成。其基层和垫层做法与花岗石地面相同。面层为大理石板，其规格通常为500mm×500mm×20mm，颜色和花纹由设计人选定。粘结方法与花岗石地面相同。

大理石楼面与花岗石楼面的层次及材料完全相同。为提高大理石楼面的防水性能，应加作防水层，如图2-9所示。

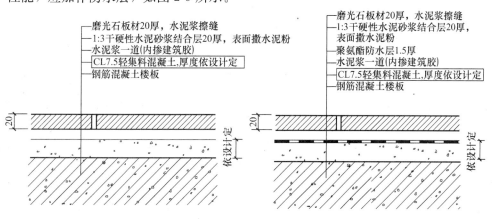

图2-9 天然石材地面

3）碎拼大理石地面

碎拼大理石地面可以用于底层与楼层地面。

用于底层地面的碎拼大理石的构造做法是：20mm厚碎拼彩色大理石块，用1∶2水泥砂浆灌缝，表面磨光。石块下面为20mm厚1∶3干硬性水泥砂浆结合层。垫层为50mm厚C10混凝土，垫层为100mm厚3∶7灰土或150mm厚卵石垫层，素土夯实。

用于楼层地面的碎拼大理石的构造做法为：面层用20mm厚1∶3干硬性水泥砂浆粘结，垫层为50～70mm厚1∶6水泥焦渣，承重层为钢筋混凝土楼板。

2.2.2 硬木地面

硬木地面是木地板做法的一种，其面层可以分为单层和双层两种做法。

硬木地面有良好的弹性和蓄热性等优点，但也存在着不耐火、不耐水、造价昂贵等缺点。因此，硬木地面仅用于体育馆的比赛场、练习房、健身房、剧院的舞台、宾馆和高级住宅的居室、某些实验室以及有特殊要求的房间等。

硬木地面有条形和拼花两种。条形地面应顺房间采光方向铺设，走道板应沿行走方向铺设，以减少磨损，便于清扫。拼花地面可以现场拼装，也可以在工厂预制成200mm×200mm～400mm×400mm的板块，然后进行铺贴。硬木地面有空铺与实铺两种做法。

1）空铺木地面

空铺木地面用于房屋的底层，由木龙骨（搁栅、剪刀撑、地垄墙、压沿木

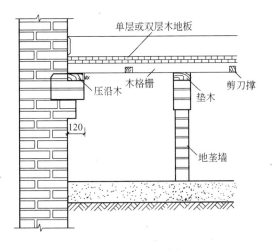

图 2-10 空铺木地面（单位：mm）

及单层或双层木地板组成。木龙骨的两端分别支承在基础墙挑出的砖沿及地垄沿上。砖沿及地垄墙墙顶均应铺放垫木，为防潮还要加油毡层，木龙骨上铺放单层或双层木地面。为保证稳定并使木龙骨连成整体，应加设剪刀撑，如图 2-10 所示。

空铺木地面应在地板背面做防潮处理。同时也应组织好地板架空层的通风处理。其做法通常是在地垄墙上预留 120mm×120mm 的洞口，并相应在外墙上预留同样大小的通风口，为防止鼠类等动物进入其内，应加设铸铁通风箅子。木地板与墙体的交接处应做木踢脚板，其高度在 100～150mm 之间，踢脚板与墙体交接处还应预留直径为 6mm 的通风洞，间距为 1000mm，如图 2-11 所示。

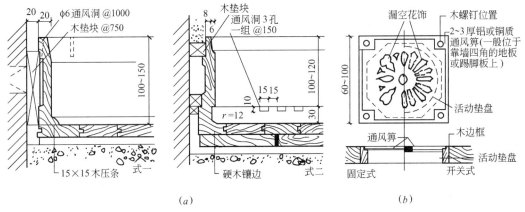

图 2-11 空铺木地面细部构造（单位：mm）
(a) 踢脚板；(b) 通风箅子

双层木地面的底层为没有刨光的毛板，常用松木或杉木制作。板厚为 18～22mm，拼接时可用平缝或高低缝，缝隙不超过 3mm。面板与毛板之间应衬一层塑料薄膜，作为缓冲层。面板与毛板之铺设方向应相互错开 45°或 90°安装。面板经常选用水曲柳、柞木、核桃木等质地优良、不易腐朽开裂的木材制作，一般呈企口形。

下面是北京地区单层松木架空木地面的构造层次：

(1) 地板漆两遍；

(2) 100mm×25mm 长条松木企口地板（背面刷氟化钠防腐剂）；

(3) 60mm×100mm 木搁栅（龙骨），300～400mm 中距，50mm×50mm 横撑，横撑中距 800mm（龙骨、横撑满涂防腐剂）；

(4) 100mm×50mm 压沿木（满涂防腐剂）用 8 号镀锌钢丝两根，绑扎于地垄墙上；

(5) 20mm 厚 1∶3 水泥砂浆找平层（抹在地垄墙顶面）；

(6) 120mm 地垄墙,用 M5 砂浆砌筑,800mm 中距,当架空高度超过 600mm 时,应改作 240mm 厚,长度超过 4m 时,两侧应砌出 120mm×120mm 砖垛,砖垛中距 4m;

(7) 150mm 厚 3∶7 灰土,上皮标高不应低于室外地坪;

(8) 素土夯实。

2) 实铺木地面

实铺木地面可用于底层,也可以用于楼层,木板面层可采用双层面层和单层面层铺设。

双层面层的铺设方法是:在地面垫层或楼板层上,通过预埋镀锌钢丝或 U 形铁件,将做过防腐处理的木搁栅绑扎。木搁栅间距 400mm,搁栅之间应加钉剪力撑或横撑,与墙之间宜留出 30mm 的缝隙。对于没有预埋件的楼地面,通常采用水泥钉和木螺钉固定木搁栅。搁栅上铺钉毛木板,背面刷防腐剂,毛板呈 45°斜铺,上铺油毡一层,以防止使用中产生声响和潮气侵蚀,毛木板上钉实木地板,表面刷清漆并打蜡。木板面层与墙之间应留 10~20mm 的缝隙,并用木踢脚板封盖。为了减少人在地板上行走时所产生的空鼓声,改善保温隔热效果,通常还在搁栅与搁栅之间的空腔内填充一些轻质材料,如干焦渣、蛭石、矿棉毡、石灰炉渣等,如图 2-12 所示。

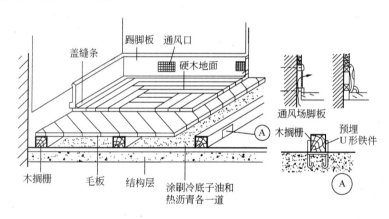

图 2-12 实铺木地板构造(双层面层)

单层面层即将实木地板直接与木搁栅固定,每块长条木板应钉牢在每根搁栅上,钉长应为板厚的 2~2.5 倍,并从侧面斜向钉入板中。其他做法与双层面层相同。如图 2-13 所示。

3) 强化木地面

强化木地面由面层、基层、防潮层组成。面层具有很高的强度和优异的耐磨性能,基层为高密度板,长期使用不会变形。其防潮底层更能确保地板不变形。强化木地板既保持了实木地板的自然本色,又在耐磨、防潮、阻燃等方面有极大的改进,

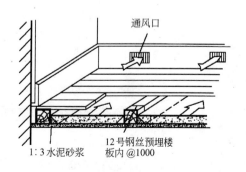

图 2-13 实铺木地板构造
(单层面层)

而且表面不涂漆、免打蜡，安装、保养均非常方便，因此，越来越多地得到使用者的青睐。

强化木地板常用规格为1290mm×195mm×(6~8)mm，为企口型条板。强化木地面做法简单、快捷，采用悬浮法安装。即在楼地面先铺设一层衬垫材料，如聚乙烯泡沫薄膜、波纹纸等，起防潮、减振、隔声作用，并改善脚感。其上直接铺贴强化木地板，木地板不与地面基层及泡沫底垫粘贴，只是地板块之间用胶粘剂粘结成整体。地板与墙面相接处应留出8~10mm缝隙。并用踢脚板盖缝。强化木地板构造做法详图如图2-14所示。

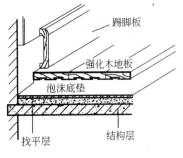

图2-14 强化木地板构造

2.2.3 其他类型楼地面

1）塑胶地面

近年来塑胶工业发展速度较快，可供做楼面面层的塑胶产品较多，如采用塑胶地板、卷材并以粘贴、干铺或采用现浇整体式的施工方式在水泥类基层上铺设。塑胶地板具有色泽丰富，拼花新颖，重量轻、有弹性、脚感舒适、耐腐蚀和不导电等性能，并有施工简单、成本低等特点，因而得到广泛的应用。塑胶地板分为卷材塑胶地板、块状塑胶地板、石英增强地板砖、软质塑料地板等四类，这里主要介绍常用的两种构造方式。

（1）塑胶自流平地面

塑胶自流平地面是将调制、搅拌好的自流平浆倾倒于清洁、平整、干燥、坚实的地面或楼面上（图2-15）。其基本特性是平滑无缝、不发尘、不积垢、易于清理。且具有高机械强度及耐药性。外型美观，适用于医药工业、电子组件、纺织车间、造纸业等工业建筑或售楼部、临时展厅等民用建筑。

（2）塑胶地板

塑胶地板是以块状的塑胶地板通过粘结剂铺设于地面基层上（图2-16）。其特点是铺设简便，耐磨损、耐压、耐燃、耐腐蚀，不导电。适用于百货公司、剧场、办公室、旅馆、餐厅等。民用建筑。

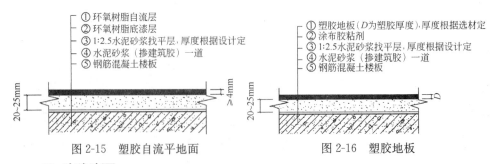

图2-15 塑胶自流平地面　　图2-16 塑胶地板

2）地毯地面

地毯是一种高档的地面覆盖材料，具有吸声、隔声、防滑、弹性与保温性能好、脚感舒适、美观等特点，同时施工及更新方便。它可以用在木地板上，也可以用于水泥等其他地面上,应用非常广泛。地毯的安装如图 2-17 所示。

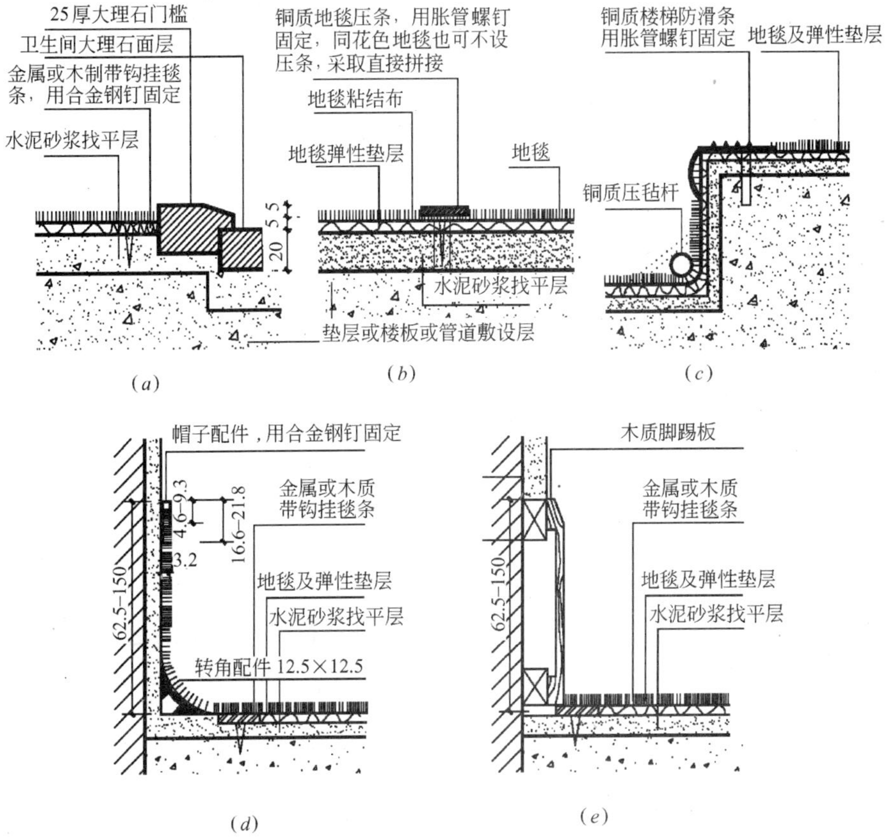

图 2-17 地毯的安装详图(单位:mm)

地毯按其材质来分,主要有化纤地毯和羊毛地毯等。

化纤地毯是我国近年来广泛采用的一种新型地毯。它以丙纶、腈纶纤维为原料,采用簇绒法和机织法制作面层,再与麻布背衬加工而成。化纤地毯地面具有吸声、隔声、弹性好、保温好、脚感舒适、美观大方等优点。

化纤地毯由面层、防松涂层和背衬构成。面层一般为中、长纤维制作,绒毛不易脱落,不起球,使用寿命较长。丙纶纤维不如腈纶纤维弹性好,且抗静电性能也差,防松涂层以氯乙烯—偏氯乙烯共聚乳液为基料,添加增塑剂、增稠剂及填充料组成,其作用是固化、防止绒面纤维脱落。背衬为麻布,用胶粘剂复合而成。

化纤地毯的铺设分固定与不固定两种方式。铺设时可以满铺或局部铺设。采用固定铺贴时,应先将地毯与地毯接缝拼好,下衬一条 100mm 宽的麻布条,胶粘剂按 0.8kg/m 的涂布量使用。地面与地毯粘结时。在地面上涂刷 120~150mm 宽的胶粘剂,按 0.05kg/m 的涂布量使用。

纯毛地毯采用纯羊毛,用手工或机器编织而成。铺设方式多为不固定的铺设方法,一般作为毯上毯使用(即在化纤地毯的表面上铺装羊毛毯)。

3) 活动地面

活动地板又称装配式地板,是由特制的平压刨花板为基材,表面饰以装饰板和底层用镀锌钢板经粘结胶组成的活动板块，配以横梁、橡胶垫和可供调节高度的金属支架组装的架空地板在水泥类基层上铺设而成，因其具有安装、调试、清理、维修简便，其下可敷设多条管道和各种导线并可随意开启检查、迁移等优点，广泛应用于计算机房、变电所控制室、程控交换机房、通讯中心、电化教室、剧场舞台等要求防尘、防静电、防火的房间。

活动地板的板块典型尺寸为 457mm×457mm、600mm×600mm、762mm×762mm，其构造做法是：先在平整、光洁的混凝土基层上安装支架。调整支架顶面标高使其逐步抄平。然后在支架上安装搁栅状横梁龙骨，最后在横梁上铺贴活动板块。如图 2-18 所示。

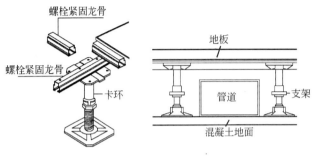

图 2-18　活动地板详图

4）弹性木地面

弹性木地面适用于室内体育用房、排练厅、舞台、交谊舞厅等对弹性有特殊要求的楼地板，其构造上分为衬垫式或弓式两种，衬垫式即在木龙骨下增设弹性衬垫材料（橡皮、弹簧等），以增加木地板的弹性，弓式则以木或钢弓支托木搁

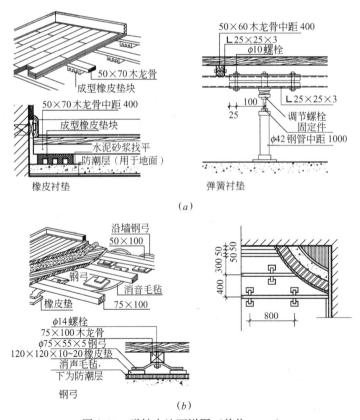

图 2-19　弹性木地面详图（单位：mm）

栅来增加搁栅弹性，实际使用中，以衬垫式弹性木地面较为常见，如图 2-19 所示。

2.3 吊顶装修构造

在较大空间和装饰要求较高的房间中，因建筑声学、保温隔热、清洁卫生、管道敷设、室内美观等特殊要求，常用顶棚把屋架、梁板等结构构件及设备遮盖起来，形成一个完整的表面。由于顶棚是采用悬吊方式支承于屋顶结构层或楼板层的梁板之下，所以称之为吊顶。吊顶的构造设计应从上述多方面进行综合考虑。

2.3.1 吊顶的作用与设计要求

(1) 装饰和美化室内空间。吊顶是室内装修的重要部位，应结合室内设计，对室内空间的形态、尺度、材质、色彩进行统筹考虑，不同的吊顶做法对房间的装饰作用不尽相同。

(2) 满足照明方面的要求。房间中的照明灯具，一般应安装在顶棚上。因而吊顶构造要充分考虑安装灯具的要求：若采用吸顶式安装，吊顶应配合灯具的位置设计；若采用吊杆式安装，吊顶应在结构层上做好拉结；若采用暗槽式安装，应充分考虑光线的反射。灯具的形式与安装方法是吊顶构造的重要组成部分。

(3) 满足室内声学的要求。对于有声学要求的建筑，如影院、剧场、音乐厅的厅堂等，吊顶的表面形状和材料应根据音质要求来考虑。

(4) 满足设备安装、检修及封闭管线的要求。吊顶不但用来遮挡结构构件，还用来隐藏各种设备管道和装置，如空调风管与出风口、消防喷淋与报警器、照明灯具等，所以吊顶应有足够的空间高度。但吊顶空间过大势必造成空间浪费，因此，吊顶的悬吊高度与其上的设备及其出口的布置应统筹考虑，精心设计。为了便于维修隐藏在吊顶内的各种设备装置和管线，可以将吊顶面层做成可拆卸式的或设置检修口。

(5) 防火要求。为保证建筑物的防火性能，在选择吊顶材料和做法时，应充分考虑其防火性能。我国《建筑内部装修设计防火规范》GB 50222—95（2005版）中规定，吊顶的材料应为不燃或难燃材料。

(6) 承重要求。吊顶面层上要安装灯具及其他设备，有时要考虑上人检修，因而要求吊顶应具有相应的承载能力。

(7) 吊顶构造做法应便于工业化施工，并尽量避免湿作业。

2.3.2 吊顶的构造组成

吊顶由基层和面层两大部分组成。吊顶的构造关系如图 2-20(a)、(b) 所示。

基层承受吊顶的荷载，并通过吊筋传给屋顶或楼板承重结构。基层由吊筋、

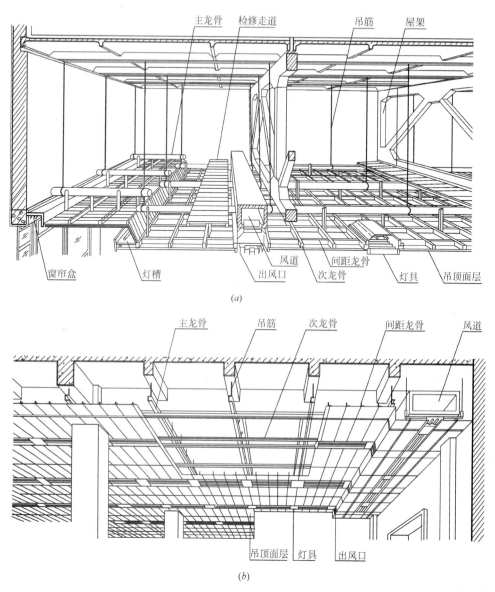

图 2-20 吊顶构造示意图
(a) 吊顶悬挂于屋面下构造示意；(b) 吊顶悬挂于楼板底构造示意

主龙骨（主搁栅）和次龙骨（次搁栅）组成。

吊顶面层分为抹灰面层和板材面层两大类。抹灰面层为湿作业施工，费工费时；而板材面层既可加快施工速度，又容易保证施工质量。吊顶面层板材有植物板材（如胶合板、木工板）、矿物板材（如石膏板、矿棉板）、金属板材（如铝合金板）等。

1) 吊顶基层

吊顶基层通常有木基层和金属基层两大类做法。

(1) 吊筋

- 吊筋的材料。常用的吊筋材料有：50mm×50mm 的方木条，用于木基层吊顶；$\phi 6\sim\phi 8$ 的钢筋，可用于木基层或金属基层吊顶；铜丝、钢丝或镀锌钢丝，用于不上人的轻质吊顶。
- 吊筋的连接方式

吊筋与楼板或屋面结构层的连接方式有预埋件连接和膨胀螺栓（或射钉）连接两类。现代建筑大多采用二次装修做法，在土建过程中很难确定预埋件位置，所以，后者较为常用。

吊筋与楼板的连接方式如图 2-21 所示。

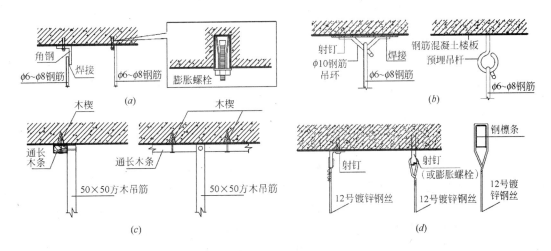

图 2-21 吊筋的连接方式
(a) 膨胀螺栓连接；(b) 预埋件连接；(c) 方木吊筋连接；(d) 不上人吊顶吊筋连接

（2）龙骨

龙骨分为主龙骨（主搁栅）和次龙骨（次搁栅）。主龙骨为吊顶的主要承重结构，其间距视吊顶的重量或上人与否而定，通常为 1000 mm 左右。次龙骨用于固定面板，其间距视面层材料规格而定，间距不宜太大，一般为 300～500mm，刚度大的面层不易翘曲变形，可允许扩大至 600mm。

龙骨可用木材、轻钢、铝合金等材料制作，其断面大小视其材料品种、是否上人（吊顶承受人的荷载）和面层构造做法等因素而定。上人吊顶的检修走道应铺放在主龙骨上。常用龙骨的材料、规格及间距详见表 2-1。

常用的龙骨规格尺寸（单位：mm） 表 2-1

	主龙骨			次龙骨		
	尺寸	截面	间距	尺寸	截面	间距
木龙骨	50×70 70×100		1000 左右	50×50		300～600 根据板材尺寸定

续表

	主龙骨			次龙骨		
	尺寸骨	截面骨	间距骨	尺寸	截面	间距
轻钢龙骨	38系列 50系列 75系列	⊏	900～1200	38系列 50系列 75系列	⨆	400～600
铝合金龙骨	38系列 50系列 75系列	⊏	900～1200	38系列 50系列 75系列	⊤	400～600

2) 吊顶面层

吊顶面层板材的类型很多，一般可分为植物型板材、矿物型板材、金属板材等几种。

（1）植物型板材

• 胶合板

俗称"层板"或"夹板"，是将原木沿年轮切成大张薄片，多层薄片按纤维方向互相垂直进行重叠，再用胶粘合压制而成。木片层数应为奇数，一般分为3、5、7、9、11层，常用的有三层板和五层板。

胶合板的优点是：由于每层薄片纤维方向互相垂直，因此变形相互制约，收缩均匀一致，收缩率较小；可节约木材，胶合板比普通木材能节约材料30%左右。

胶合板按材质和加工工艺质量分为三等。其规格有2.5、2.7、3、3.5、4、5、6mm等厚度。宽度为915、1220、1525mm；长度为915、1220、1525、1830、2135、2440mm。

• 纤维板

纤维板是将木材加工下来的板皮、刨花、树枝等木工废料经粉碎浸泡、研磨成木浆，再加入一定的胶料，热压成型后干燥处理而成的人造板材。因成型时温度和压力不同，纤维板分硬质（表观密度大于$0.8g/cm^3$）、半硬质（表观密度为$0.4～0.8g/cm^3$）和软质（表观密度小于$0.4g/cm^3$）三种。

纤维板可以使木材得以充分利用（利用率可达90%以上），组织均匀，不易胀缩、开裂、翘曲，并有一定的绝缘性能。纤维板的抗弯强度可达55MPa，一般称为无疵病木材。

纤维板的厚度有3、4、5mm……，宽度有610、916、1220、1000mm……，长度有1220、1830、2135、2440、3050mm……等规格。

• 刨花板（木丝板、木屑板）

刨花板（木丝板、木屑板）是以刨花、木渣、短小木料刨制的木丝、木屑等为原料，经干燥后拌入胶料，再经热压而制成的人造板材。这类板材通常质地疏松、密度较小，强度较低，因而主要用作吸声、隔热材料；但由于它的价格便宜

（同规格的板材，刨花板的价格约为中密度纤维板价格的 1/2～2/3），也常用在一些装饰要求不高的地方。

- 细木工板

细木工板是将碎小木材加工成小条拼接起来，再在其上、下表面粘压上三层板（或纤维板、塑料板）的人造板材。细木工板具有良好的综合性能，特别是加工性较好，目前已逐渐成为实木板材的替代品。

（2）矿物型板材

- 石膏板

石膏板是以石膏为主要原料，加入纤维及适量外加剂加工而成。石膏板分为纸面石膏板和无纸面石膏板两种类型。

纸面石膏板：这种板材是以熟石膏为主要原料，掺入适量外加剂与纤维作板芯，用牛皮纸为护面层的一种板材。石膏板的厚度有 9、12、15、18、25mm，板长有 2400、2500、2600、2700、3000、3300mm，板宽有 900、1200mm 两种。具有可刨、可锯、可钉、可粘等优点。纸面石膏板可以采用粘贴法或钉固法固定于骨架上。

无纸面石膏板：无纸面石膏板为单纯的石膏纤维板，其品种有浮雕式装饰板、圆孔吸声装饰板、浮雕装饰吸声板、吊顶装饰板等。板材的长宽尺寸为 500mm×500mm、600mm×600mm，厚度为 9、10、12mm 等。无纸面石膏板具有质量轻（$7.5～8kg/m^2$）、导热系数低、不燃烧、耐火、隔声性能好等优点；但耐水性能差，不宜用于潮湿房间。石膏板还有可以锯、刨、钉、粘等特点，使用十分灵活。

- 矿棉装饰吸声板

矿棉装饰吸声板是以矿棉为主要原料，加入适量胶粘剂、防潮剂、防腐剂，经热压、烘干、饰面而成。它具有质轻、吸声、防火、隔热、保温等特点。

矿棉装饰吸声板的规格为 450mm×450mm～600mm×600mm，厚度为 10～25mm，表观密度在 $300～600kg/m^3$ 之间。

- 玻璃棉装饰吸声板

玻璃棉装饰吸声板是以玻璃棉为主要原料，加入适量的胶粘剂、防潮剂、防腐剂等，经热压加工而成。这种板材具有质轻、吸声、防火隔热、保温和美观大方、施工简便等优点。

这种板材的规格为 300mm×300mm～600mm×600mm，厚度从 10～50mm 不等。

- 轻质硅酸盐板

俗称"硅钙板"，这种板材是以一定的硅质材料和钙质材料经水热合成工艺，并掺入纤维材料增大强度，掺入轻骨料降低表观密度而制成的一种新型纤维增强板。它具有质轻、强度高、防火、防潮、声学和热工性能优良等特点。

这种板材的规格为 500mm×500mm，板厚为 10、12、15mm，表观密度为 $400～800kg/m^3$。

（3）金属板材

- 铝合金装饰板

这种板材具有质轻、外形美观、耐久、耐腐蚀、安装容易、施工进度快等优点。经过表面处理以后，可以得到各种外观的板材。表面颜色常见的有银白色、金色、古铜色或烤漆等。其断面形状有开放型、封闭型条板及矩形板等。这种板材的厚度多在1mm左右，见表2-2。

铝合金吊顶板　　　　　　　　表2-2

板　型	截　面　型　式	厚　度（mm）
开放型		0.5～0.8
开放型		0.8～1.0
封闭型		0.5～0.8
封闭型		0.5～0.8
封闭型		0.5～0.8
方　板		0.8～1.0
方　板		0.8～1.0
矩　形		1.0

- 铝塑复合装饰板

这是一种以塑料为芯材，外贴铝板的复合结构板材，具有重量轻、强度高、色彩多样、施工方便等优点。

这种板材的标准规格为1220mm×2440mm，最大非标规格可做到3000mm×6000mm，厚度为3、4、6mm几种。

- 金属微孔吸声板

这种板材可采用不锈钢板、防锈铝板、电化铝板、镀锌钢板等板材穿孔制成。孔型有圆形、方形、三角形等多种形式。这种板材具有质轻、高强、耐高温、耐高压、耐腐蚀、防火、防潮、造型美观、色泽优雅、立体感强等特点。

常见的规格有500mm×500mm、750mm×500mm、1000mm×1000mm，厚度为1mm左右。

2.3.3 吊顶的构造做法

1) 木基层吊顶构造

主龙骨的断面尺寸为50mm×70mm～70mm×100mm，通过吊筋进行固定，吊筋间距为900～1200mm。采用钢筋作吊筋，则吊筋前端应套丝，安装龙骨后用螺母固定；采用方木条作吊筋，则用铁钉与主龙骨固定。沿墙的主龙骨应与墙固定；可通过墙中的预埋木砖进行钉结固定或在墙上打木楔钉结固定。木砖尺寸为120mm×120mm×60mm，间距为1000mm左右。次龙骨断面尺寸为50mm×50mm，间距为300～600mm。次龙骨找平后，用50mm×50mm方木吊筋挂钉在主龙骨上或用ϕ6螺栓与主龙骨栓固。设置方木吊筋是为了便于调节次龙骨的悬吊高度，以使次龙骨在同一水平面上，从而保证吊顶面的水平。木基层吊顶构造做法如图2-22所示。

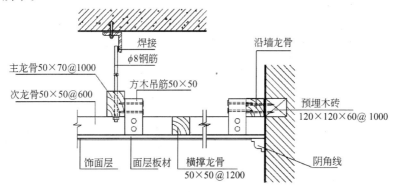

图2-22 木基层吊顶板材吊顶构造（单位：mm）

当吊顶面积较小且重量较轻（不上人且不承受设备及灯具重量）时，可省略主龙骨，用吊筋直接吊挂次龙骨及面层，做法如图2-23所示。

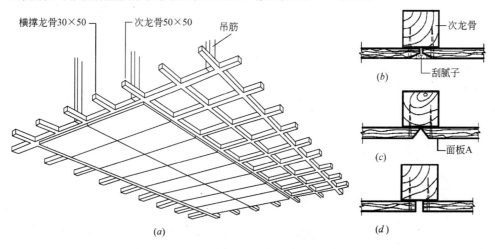

图2-23 无主龙骨的木基层吊顶（单位：mm）
(a) 仰视图；(b) 密缝；(c) 斜槽缝；(d) 立缝

2) 金属基层吊顶构造

(1) 轻钢龙骨石膏板吊顶构造

轻钢龙骨是用薄壁镀锌钢带经机械压制而成。轻钢龙骨断面有U形和T形两大系列。现以U形系列为例作介绍。U形系列由主龙骨、次龙骨、横撑龙骨、吊挂件、接插件、挂插件等零配件装配而成。主龙骨又按吊顶上人、吊顶不上人以及吊点距离的不同分为 38 系列（主龙骨断面高度为 38mm）、50 系列、60 系列三种。

38 系列轻钢龙骨，适用于吊点距离为 900~1200mm 的不上人吊顶；50 系列轻钢龙骨，适用于吊点距离为 900~1200mm 的上人吊顶，主龙骨可承受 800N 的检修荷载；60 系列轻钢龙骨，适用于吊点距离为 1500mm 的上人吊顶，主龙骨可以承担 1000N 的检修荷载。

吊杆一般为 $\phi 8 \sim \phi 10$ 钢筋，双向间距均为 900~1200mm。不上人的吊顶也可以采用 10 号镀锌钢丝做吊挂。

轻钢龙骨石膏板的吊顶构造做法如图 2-24 所示。

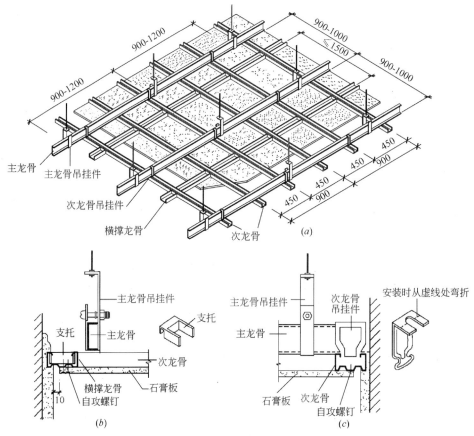

图 2-24 轻钢龙骨石膏板吊顶构造（单位：mm）
(a) 龙骨布置；(b) 细部构造；(c) 细部构造

吊顶龙骨的安装顺序是：吊筋通过主龙骨吊挂件与主龙骨连接。主龙骨的下部为次龙骨，通过次龙骨吊挂件连接。次龙骨垂直于主龙骨放置，次龙骨间装设横撑龙骨，其间距应与面板规格尺寸相配套。横撑龙骨与次龙骨在同一平面，方向平行于主龙骨，用支托与次龙骨连接。

面层板材通常为纸面石膏板，用自攻螺钉与次龙骨、横撑龙骨固定。板材接缝处用弹性腻子处理或以 200mm 宽的化纤布条贴缝，以确保不开裂。石膏板表面再进行涂料、裱糊等饰面处理。

(2) 铝合金龙骨矿棉板吊顶构造

这种吊顶的基层由主龙骨、次龙骨、横撑龙骨、吊钩、连接件等组成。铝合金龙骨的断面有 L 形和 T 形两种，中部的龙骨为倒 T 形，边上的龙骨为 L 形，因此又称为 LT 体系。

LT 型龙骨系列用作上人吊顶时，可采用 $\phi 8$ 或 $\phi 10$ 吊筋；用于不上人吊顶或饰面板材较轻时，可采用 10 号钢丝（$\phi 4$）栓吊龙骨。做法见图 2-25（a）所示。

面层板材通常为 450mm×450mm～600mm×600mm 的矿棉板，矿棉板搁置在倒 T 形或 L 形龙骨上，可随时拆卸或替换。按面板的安装方式不同，可以分为龙骨外露与龙骨不外露两种方式，，如图 2-25（b）所示。

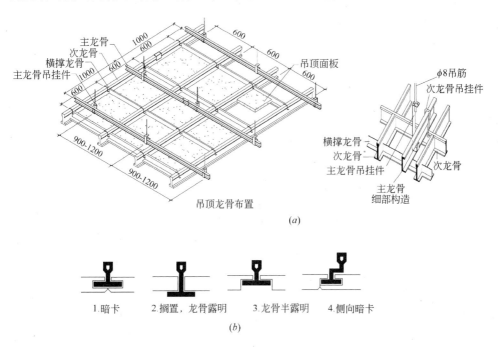

图 2-25　铝合金龙骨矿棉板吊顶构造（单位：mm）
（a）龙骨外露的布置方式；（b）吊顶板材与 T 型铝合金龙骨的连接

(3) 金属板材吊顶构造

常见的有压型薄壁钢板和铝合金型材两大类。两者都有打孔或不打孔的条形、矩形、方形以及各种形式的搁栅式等型材。

条形板多为槽形向上平铺，由龙骨扣住，如图 2-26 所示。也有一种折边条板，由专用扣件竖向悬挂，如图 2-27 所示。

矩形和方形板多为盒子形板平铺，搁置在倒 T 形龙骨上或卡扣在龙骨上，如图 2-28 所示。

搁栅式型材多为定型的竖向长条板，可以组成各种大小不等、造型不同的正方形或多边形的搁栅式吊顶。多数为铝合金单片或空心的铸材，也有薄钢板压轧成竖向盒子形结构，如图 2-29 所示。

金属板材吊顶是一种全装配式的吊顶，其面板、龙骨、吊杆和卡扣件均为系

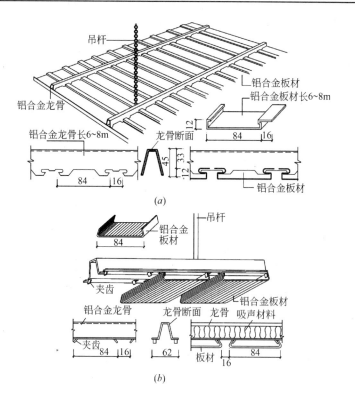

图 2-26 铝合金条形板吊顶（单位：mm）
(a) 封闭式的铝合金条板吊顶；(b) 开敞式的铝合金条板吊顶

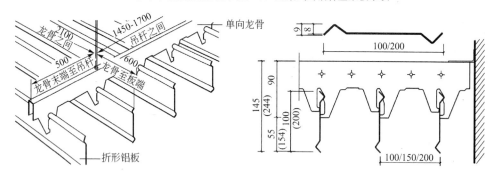

图 2-27 折形铝板吊顶

列配套构件，安装方便快速，适合于工业化生产和施工。

2.3.4 吊顶上的其他构造

吊顶上的其他构造包括灯具安装、空调送回风口、自动消防报警设备、窗帘盒及吊顶检查孔等做法。

1) 灯具安装

吊顶上的照明灯具可以分散布置或集中布置。其构造方法有吸顶式安装、日光灯带、暗槽灯等做法。

（1）吸顶灯

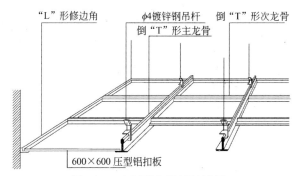

图 2-28　方板形金属板材吊顶

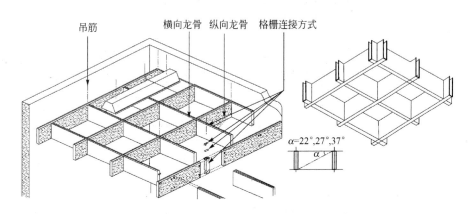

图 2-29　搁栅式金属吊顶

这种做法是将灯具安装于吊顶基层，灯具可与吊顶面层相平，或突出于吊顶表面。在进行灯具布置时，应使灯具的位置与龙骨布置相协调。灯具用螺钉或吊挂件与吊顶龙骨连接，如图 2-30（a）所示；当灯具重量超过龙骨承受能力时，应用吊筋与楼板结构连接，如图 2-30（b）所示。

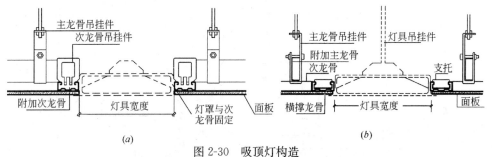

图 2-30　吸顶灯构造
(a) 灯具固定在次龙骨上；(b) 灯具悬挂在楼板上

（2）日光灯带

以日光灯作光源，在吊顶上形成一定宽度的通长灯带，表面用透光材料覆盖。灯带打断主龙骨时（灯带与主龙骨垂直），应焊接附加主龙骨以使主龙骨连通，如图 2-31 所示。

（3）暗槽式反射照明

一般在分层式吊顶各层周边或墙面与顶棚相交处做灯槽，将灯具卧装于槽内，

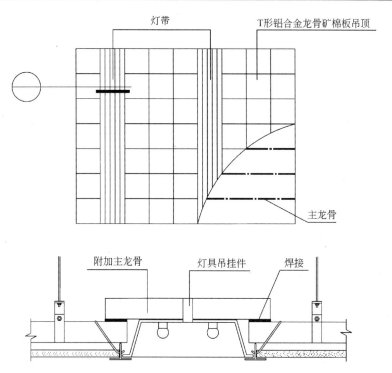

图 2-31 日光灯带构造

凭借顶棚和墙面来反射光线,可以避免眩光。其构造如图 2-32（a）、（b）所示。

2）空调送、回风口

送、回风口构造与顶棚上灯具布置基本相同。孔口部分可用塑料板、金属板等制成通风箅子。其构造如图 2-33（a）、（b）所示。

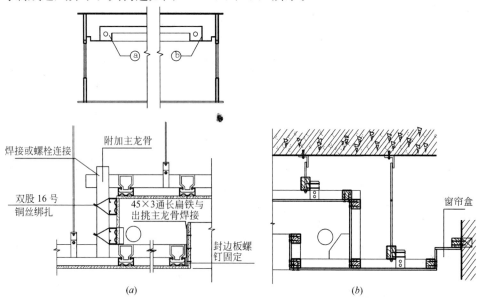

图 2-32 反射灯槽构造（单位：mm）
（a）轻钢龙骨基层做法；（b）木基层做法

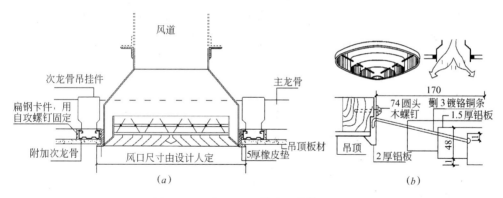

图 2-33 空调送风口构造（单位：mm）

(a) 方形风口；(b) 圆形风口

注：1. 风口安装时应自行吊挂，与吊顶龙骨不发生受力关系。
2. 圆形风口安装时在板材上切割圆润，龙骨做法同方形风口。

3) 自动消防报警设备

自动消防报警设备包括烟感器、温感器等专用设备，一般用螺钉固定于吊顶板上。

4) 窗帘盒

窗帘盒的长度应为窗口宽度加 400mm 左右，即洞口每侧伸出 200mm 左右。窗帘盒的深度应视窗帘层数而定，一般为 200mm 左右。

窗帘盒可通过铁件固定在墙身上，如图 2-34（a）所示；也可固定在吊顶龙骨

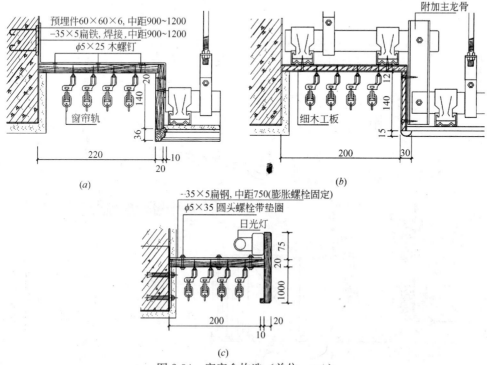

图 2-34 窗帘盒构造（单位：mm）

(a) 通过铁件固定；(b) 通过龙骨固定；(c) 反射灯槽窗帘盒

上，如图 2-34（b）所示。有时窗帘盒还可以结合暗槽灯一并考虑，使窗帘盒形成反光槽，如图 2-34（c）所示。

2.4 其他装修构造

2.4.1 保温门窗

保温门窗的主要作用是保持室内温度的相对稳定，有效降低能耗。它适用于对室内温度恒定有特殊要求的房间，如恒温恒湿设备室的门窗、冷藏库的门窗等。保温门窗的构造应在加强气密度、提高热阻值等方面采取有效的构造措施。

以图 2-35 的保温门为例简要说明其保温构造设计要点。在加强气密度方面：

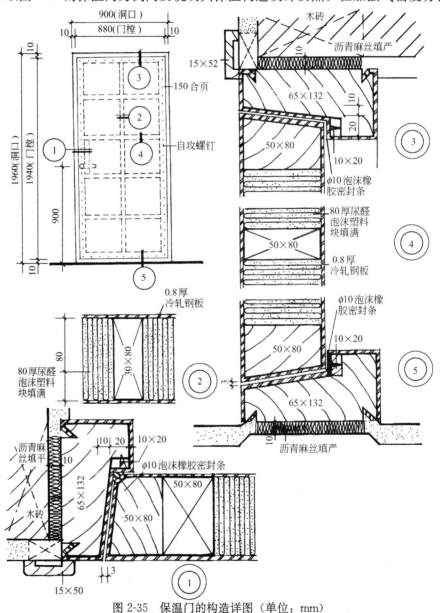

图 2-35 保温门的构造详图（单位：mm）

与普通木门不同，保温门需设门下框以密闭门扇与地面之间的缝隙，门框断面采用斜裁口以加强门框与门扇之间的密闭，门框与门扇外包钢板是为了防止木材变形而产生缝隙，除此之外，还需在门扇内侧四边与门框交接处用弹性密封条加以密闭。在提高热阻值方面：保温门多采用夹板门，在门心板的夹层内填以保温材料，如毛毡、玻璃纤维、矿棉等。

保温窗可采用双层窗，两层窗间的净距为 50～150mm；也可以采用 2～4 层的中空玻璃，层与层之间留 6.3mm 的间隙，各层玻璃之间通过焊接、胶合或溶合等方式形成中空层。双层窗之间或多层玻璃之间应填以干燥空气或氮气，防止产生凝结水，因此需采取相应的吸湿防潮处理。

2.4.2 隔声门窗

隔声门窗用于室内噪声级允许值较低的房间中，如播音室、录音室等。

隔声要求应根据室内、室外噪声的噪声级及室内允许噪声级决定。一般安静的房间其允许噪声级为 30dB 左右，播音室、录音室的允许噪声级为 25～30dB 左右。一般门窗的隔声能力与材料的密度、构件的构造形式以及声波的频率有关。普通木门的隔声量为 19～25dB，钢门为 35dB。一般窗的隔声能力为 20～30dB，双层木门（其间隙为 50mm 时）的隔声能力为 30～34dB，双层窗为 25～35dB。采用双层玻璃时，隔声能力可提高至 32～52dB。隔声门窗的玻璃一般采用 3～10mm 厚的普通玻璃。

1）隔声窗

隔声窗通常安装 2～3 层玻璃，玻璃间距应大于 50mm。为防止玻璃之间产生共振传声，各层玻璃之间不能完全相互平行，应将至少一层玻璃倾斜安装。各层玻璃应尽量选用不同的厚度，以避免因各层玻璃的临界频率相同而产生吻合效应；同时，厚度较薄的玻璃安装在噪声传入的一侧，隔声效果更好。隔声窗的密封处理也是其构造设计的关键：

(1) 窗框材料应具备足够的强度和耐久性，以防止变形，如采用含水率小于 10% 的硬木。

(2) 在窗框之间即各层玻璃之间沿周边的窗樘上，设置吸声构造（如玻璃棉与穿孔胶合板），就能使各层窗框完全脱开，同时有效提高吸声隔声效果；

(3) 嵌玻璃及安装窗框应采用海绵、橡胶条及玻璃棉等弹性材料密封。隔声窗的构造实例如图 2-36 (a) 所示。

隔声窗分为固定式与平开式两种。固定式可作为采光窗或观察窗使用，平开式隔声窗用于隔声要求相对较低或需要通风换气的房间。

2）隔声门

常见隔声门有木结构和钢结构两种。木结构隔声门采用实木框、用胶合板或硬木板作面层，中间填以甘蔗板、玻璃棉等吸声材料。钢结构隔声门采用双层钢板内填吸声材料，其隔声量可达 32dB。隔声门的门扇之间、门扇与门框之间、门扇与地面之间都应进行弹性密闭的构造处理，应保证隔声门在关闭后没有贯通的直缝。隔声门的构造实例如图 2-36 (b) 所示。

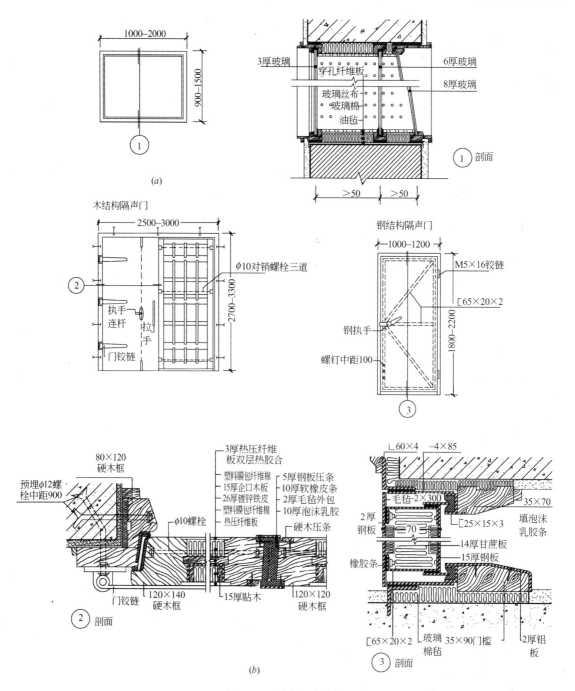

图 2-36 隔声门窗构造

（a）隔声窗构造；（b）隔声门构造

2.4.3 全玻璃自动门

全玻璃自动门的开启方式通常为中分式推拉门，门的开闭控制通过传感器自动执行，当人或其他活动目标进入传感器的感应范围，门扇便自动开启，离开后自动关闭。全玻璃门适用于高级宾馆、银行、计算机房等。

1) 全玻璃自动门的结构

门扇除无框全玻璃门外,还可为铝合金框或异型薄壁钢框玻璃门。全玻璃门的立面分为两扇型、四扇型、六扇型等,如图 2-37（a）、(b)、(c) 所示。

在自动门扇的顶部设有通长的机箱层,用以安置自动门的机电装置,图 2-37（d）为门上机箱的剖面图。

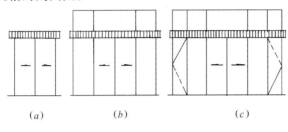

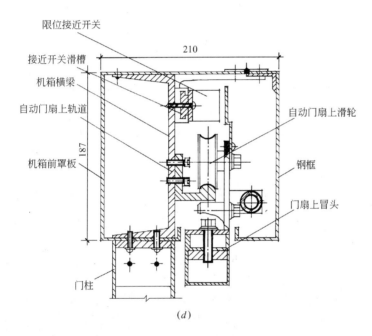

图 2-37　自动门的构造（单位：mm）
(a) 二扇型；(b) 四扇型；(c) 六扇型；(d) ZM-E2 型自动门机箱剖面图

2) 全玻璃自动门的安装

(1) 地面导向轨道安装

全玻璃自动门地面上装有导向性下轨道。在做地坪时,须预埋 50mm×70mm 木条一根。自动门安装时,撬开木条形成的凹槽,在凹槽内架设轨道。下轨道长度为开启扇宽度的 2 倍。

(2) 横梁安装

全玻璃自动门上部机箱层横梁是安装中的重要环节。对支撑横梁的土建支承结构有一定的强度和稳定性要求。在砖混结构中,横梁应放在缺口的埋件上并焊接牢固,在钢筋混凝土结构中,横梁应焊于墙或柱边的埋件上,如图 2-38 所示。

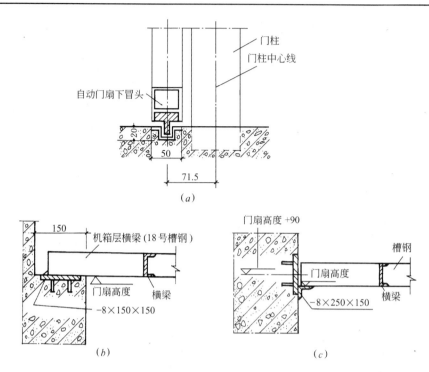

图 2-38 轨道埋设和机箱横梁支承节点（单位：mm）
(a) 自动门下轨道埋设示意图；(b) 机箱横梁支承节点；(c) 机箱横梁支承节点

2.4.4 防火门窗

在建筑防火分区内，为了减少火灾的蔓延，应设置防火门、窗。

1) 防火门

依据建筑设计防火规范，防火门按其耐火极限可分为甲、乙、丙三个等级，其耐火极限分别不应低于 1.2h、0.9h 和 0.6h。

常用的防火门按其制作材料分有：

(1) 木制防火门。有全木制防火门和填充不燃烧材料的木制夹板防火门两种。全木制防火门采用优质木材或经阻燃处理的木材，厚度为 50~55mm，耐火极限可达 0.6~1.2h。木制夹板防火门采用木板或胶合板为面板，内填充岩棉、硅酸铝纤维或矿棉板、无机轻体板等不燃烧材料，厚度为 45~50mm，耐火极限可达 0.6~1.2h。

(2) 钢制防火门。采用钢门框，门扇为薄型钢骨架内填充矿棉或硅酸铝纤维外包薄钢板，厚度为 45~50mm，耐火极限可达 0.6~1.2h；门扇内也可不填充，但厚度 60mm 的防火门耐火极限只有 0.6h。

(3) 无机复合防火门。采用无机合成材料压制成型的防火门，厚度 50mm，耐火极限可达 0.6~1.2h。

防火门的开启方向、开闭方式要满足建筑防火分隔和人员安全疏散两方面的要求。为避免火势和烟气的蔓延，防火门在人员疏散后要能自行关闭，双扇防火门还应具备自行按顺序关闭的功能。一般民用建筑防火门为单扇或双扇的平开门，采用带自闭功能的开闭器控制；当门洞尺度较大时，可采用推拉或自重下滑的开闭方式，其构造见图2-39。

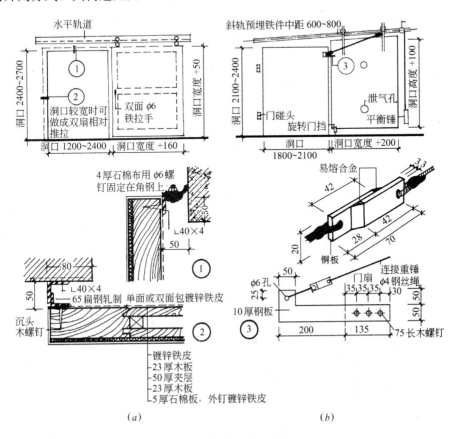

图2-39 防火门的类型与做法（单位：mm）
(a) 推拉防火门；(b) 自重下滑防火门（带平衡锤）

2）防火窗

防火窗必须采用钢窗，单层或双层的钢制平开防火窗，玻璃应采用防火玻璃。

2.4.5 遮阳构造

遮阳设施是防止由于阳光射进室内而产生眩光或造成夏季室内温度过高的有效手段。遮阳设施的构造设计应根据地区气候、技术、经济、使用房间的性质及要求等条件，综合解决遮阳、隔热、通风、采光等多方面的问题。

在进行遮阳设计时，首先应根据工作和生活需要，确定必要的遮阳季节和时间，经过合理的遮阳计算，然后进行其构造设计。遮阳构造应结构合理、经济耐久，且与建筑的整体造型有机结合。

常见的遮阳形式一般可分为四种：水平式、垂直式、综合式、挡板式遮阳，见图2-40。

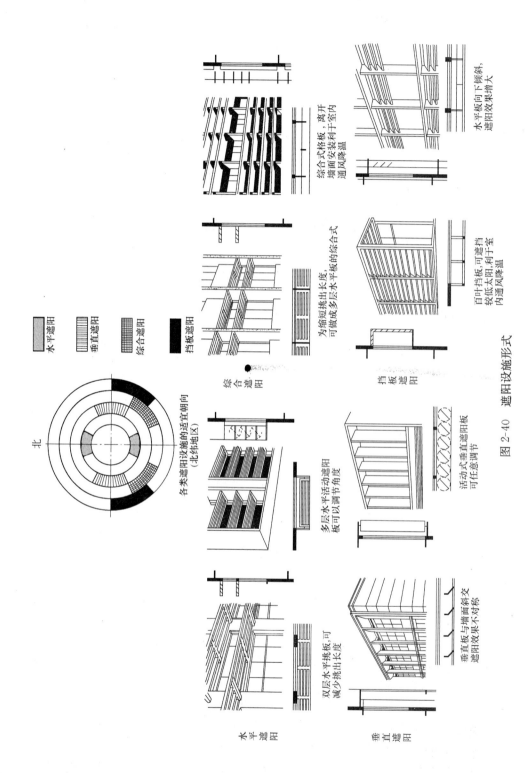

图 2-40 遮阳设施形式

各种遮阳设施按其可调方式分为固定式、半固定式和活动式遮阳；控制方式分为全自动、半自动和手动；其制作材料有钢筋混凝土、铝合金、彩钢、木、玻璃、塑料、织物等多种，见图2-41～图2-44。

现代遮阳设施的发展趋势是：设计复合化，兼具遮阳、导风、排气等多项功能，包含外窗、阳台、墙面、屋顶的综合设计，遮阳构件与建筑浑然一体；控制智能化，依据时间（即太阳高度角、方位角、辐射强度的变化）控制，或依据气候变化控制，控制设备与遮阳构件有效结合；构件产品化，以工业产品模式生产遮阳构件，使遮阳产品的发展更为经济、合理、高效。

2.4.6 散热器罩

散热器罩是采暖地区建筑室内装修的重要构件，它的作用是保证散热器均匀散热、室内冷热空气形成对流，防止散热片温度过高烫伤人员，同时也起到美化室内环境的作用。

散热器罩的布置形式有窗下式、沿墙式、嵌入式和独立式等几种，见图2-45（a）。

散热器罩的材料常采用木材和金属。木制散热器罩的通风部分一般采用硬木条、胶合板、硬质纤维板等做成格片或百叶，也可采用硬质木板镂空的方式，木制散热器罩加工制作方便，且手感与视觉感比较温暖舒适。金属散热器罩采用钢或铝合金等金属板材，表面打孔或制作成格片，应处理好材料的表面防锈，金属散热器罩坚固耐用、装饰效果丰富。根据实际情况，也可采用金属与木材相结合制作散热器罩，以达到坚固与舒适兼具的目的，其构造做法见图2-45（b）。

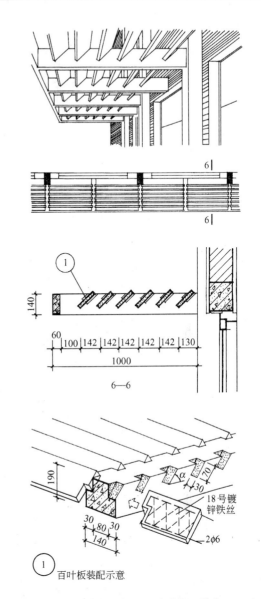

图 2-41 单层钢筋混凝土百叶遮阳（单位：mm）

注：预制百叶板宜用1:2水泥砂浆浇筑，必须振动密实，以防止雨水渗入内部，导致钢筋生锈，百叶板断裂。

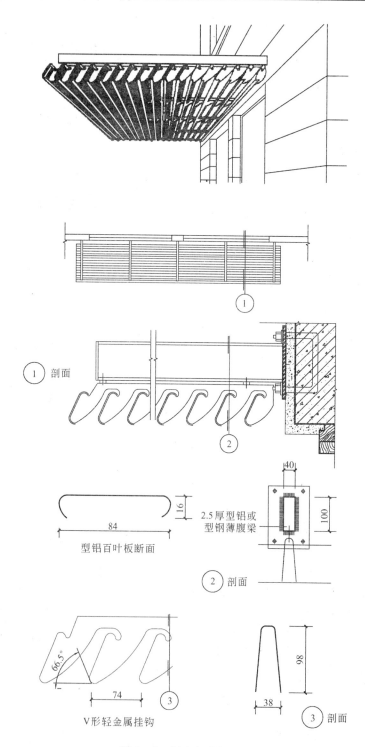

图 2-42 铝合金遮阳百叶

第 2 章 建筑装修构造

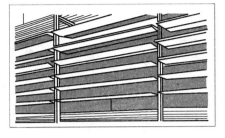
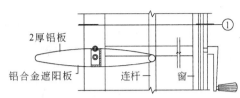
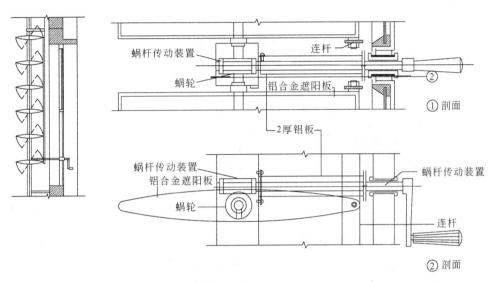

图 2-43 空腹铝合金梭形百叶遮阳

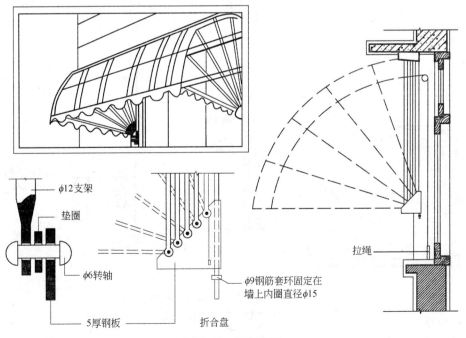

图 2-44 帆布遮阳

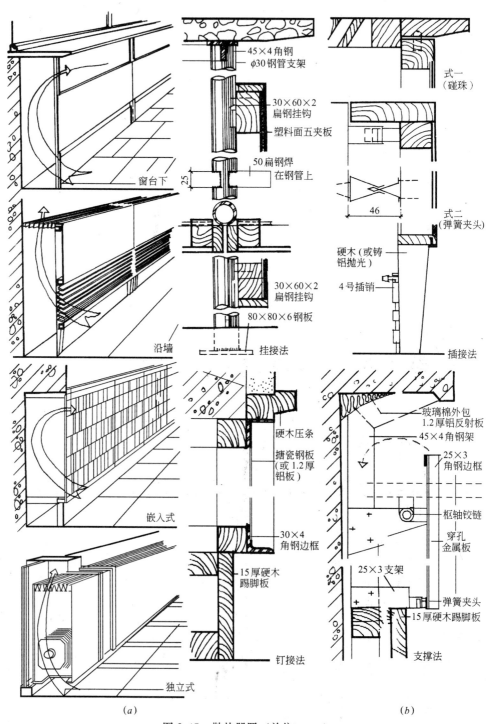

图 2-45 散热器罩（单位：mm）
(a) 布置方式；(b) 各种构造方式

第 3 章 大跨度建筑构造

Chapter 3
Construction of Large-span Building

大跨度建筑通常是指跨度在 30m 以上的建筑[1]，我国现行钢结构规范则规定跨度 60m 以上结构为大跨度结构。主要用于民用建筑的影剧院、体育场馆、展览馆、大会堂、航空港以及其他大型公共建筑。在工业建筑中则主要用于飞机装配车间、飞机库和其他大跨度厂房。

大跨度建筑在古代罗马已经出现，如公元 120～124 年建成的罗马万神庙，呈圆形平面，穹顶直径达 43.5m，用天然混凝土浇筑而成，是罗马穹顶技术的光辉典范。在万神庙之前，罗马最大的穹顶是公元 1 世纪阿维奴斯地方的一所浴场的穹顶，直径大约为 38m，然而大跨度建筑真正得到迅速发展还是在 19 世纪后半叶以后，特别是第二次世界大战后的最近几十年中。例如 1898 年为巴黎世界博览会建造的机械馆，跨度达到 115m，采用三铰拱钢结构；又如 1912～1913 年在波兰布雷斯劳建成的百年大厅直径为 65m，采用钢筋混凝土肋穹顶结构。美国底特律的韦恩县体育馆采用圆形平面，直径达 266m，是目前世界上跨度最大的钢网壳结构建筑。

我国的大跨度建筑是在解放后才发展起来的。20 世纪 70 年代建成的上海体育馆为圆形平面，采用平板钢网架结构，直径达 110m。目前我国大跨度建筑的发展十分迅速，以钢索及膜材做成的结构跨度已达 320m 以上。

大跨度建筑迅速发展的原因一方面是由于社会发展使建筑功能愈来愈复杂，需要建造高大的建筑空间来满足群众集会、举行大型的文艺体育表演、举办盛大的各种博览会等；另一方面则是新材料、新结构、新技术的出现，促进了大跨度建筑的进步。一是需要，二是可能，两者相辅相成，相互促进，缺一不可。例如在古希腊古罗马时代就出现了规模宏大的容纳几万人的大剧场和大角斗场，但当时的材料和结构技术条件却无法建造能覆盖上百米跨度的屋顶结构，结果只能建成露天的大剧场和露天的大角斗场。19 世纪后半叶以来，钢结构和钢筋混凝土结构在建筑上的广泛应用，使大跨度建筑有了很快的发展，特别是近几十年来新品种的钢材和水泥在强度方面有了很大的提高，各种轻质高强材料、新型化学材料、高效能防水材料、高效能绝热材料的出现，为建造各种新型的大跨度结构和各种造型新颖的大跨度建筑创造了更有利的物质技术条件。

大跨度建筑发展的历史比起传统建筑毕竟是短暂的，它们大多为公共建筑，人流集中，占地面积大，结构跨度大，从总体规划、个体设计到构造技术都提出了许多新的研究课题，需要建筑工作者去探索。本章就大跨度建筑的结构形式与建筑造型、大跨度建筑的屋顶构造、大跨度建筑的天窗构造等三个问题进行论述。

3.1 大跨度建筑结构形式与建筑造型

结构是房屋的骨架，是形成建筑内部空间和外部形式的物质基础，结构是在特定的材料和施工技术条件下运用力学原理创造出来的。某种新的结构一旦产生并在工程实践中反复出现时，便会逐渐形成一种崭新的建筑形式。可见结构技

---

[1] 引自《中国大百科全书建筑园林城市规划卷》第 87 页。目前我国相关结构设计规范将 60m 以上的建筑定为大跨度。

是影响建筑空间形式及造型的重要因素,在大跨度建筑中尤其如此。图3-1是采用三种不同结构建造的三幢建筑,反映出风格各异的三种立面造型。图3-1(a)为木结构刚架,三角形的立面轮廓线反映出刚架结构的真实外形,造型与结构形式统一;图3-1(b)为钢筋混凝土落地拱,拱形屋顶轮廓线是立面的主要特征,落地拱两旁的空间高度很低,不便利用,于是将外墙向中间收进,让落地拱敞露出来,使立面造型、功能、结构三者高度协调统一起来;图3-1(c)中间为钢筋混凝土双曲扁壳结构,高耸于两旁的平屋顶之上,以便设置高侧窗采光通风,建筑立面以突出新结构的曲线轮廓为特征。

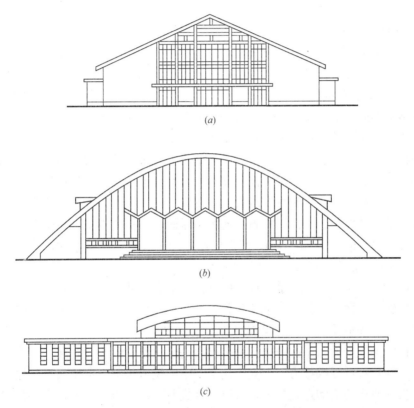

图3-1 三种不同的结构所反映的三种立面造型
(a)木结构刚架;(b)钢筋混凝土落地拱;(c)钢筋混凝土双曲扁壳

通过上述例子说明,在建筑设计中,选择结构形式不仅是结构工程师的工作,也是建筑师的职责,现代建筑的特点是建筑艺术与建筑技术的高度统一。建筑师只有对各种结构形式的基本力学特征和适用范围有深入的了解才能自由地进行创作,把结构形式与建筑造型融为一体。

以下就大跨度建筑常见的各种结构形式及其建筑造型作介绍。

3.1.1 拱结构及其建筑造型

1)拱的受力特点、优缺点和适用范围

拱是古代大跨度建筑的主要结构形式。由于拱呈曲面形状,在外力作用下,拱内的弯矩值可以降低到最小限度，主要内力变为轴向压力，且应力分布均匀，能充分利用材料的强度，比同样跨度的梁结构断面小，故拱能跨越较大的空间。

但是拱结构在承受荷载后将产生横向推力，为了保持结构的稳定性，必须设置宽厚坚固的拱脚支座抵抗横推力。常见的方式是在拱的两侧作两道厚墙来支承拱，墙厚随拱跨增大而加厚。很明显，这会使建筑的平面空间组合受到约束。

拱的内力主要是轴向压力，结构材料应选用抗压性能好的材料。古代建筑的拱主要采用砖石材料，近代建筑中，多采用钢筋混凝土拱，近年来也大量采用钢结构拱，跨度可达百米以上。拱结构所形成的巨大空间常常用来建造商场、展览馆、体育馆、散装货仓等建筑。

2）拱的形式

拱结构按组成和支座方式不同分为三铰拱、两铰拱和无铰拱三种，如图3-2（a）、（b）、（c）所示。

3）拱结构的建筑造型

拱结构的造型主要取决于矢高大小和平衡拱推力的方式。

拱的矢高对建筑的外部轮廓形象影响最大。矢高小的拱，外形起伏变化小，呈扁平状，结构占用的空间小，但水平推力和拱身轴力都偏大。而矢高大的拱，外形起伏变化强烈，产生的水平推力和轴向力都较小，但拱身材料耗费量多，拱下形成的内部空间大，拱曲面坡度很陡。所以矢高大小应综合考虑建筑的外观造型要求、结构受力的合理性、材料消耗量、屋面防水构造等多种因素。通常拱屋顶的矢高为拱跨的1/7～1/5，最小不小于1/10。采用卷材屋面时，矢高不应大于1/8，混凝土自防水屋面的矢高一般取1/6。

如前所述，拱是一种有水平推力的结构，解决水平推力的方式不同，建筑的外形也显然不一样，通常有以下几种处理方式。

（1）由拉杆承受拱推力的建筑造型

在拱脚支座处设水平拉杆来抵消拱推力是最常见的方法，其优点是支承拱的侧墙（或柱）不承受拱推力，大大简化了支座的受力状况，可使墙身和柱子断面减小。根据使用功能和造型要求，可以处理成单跨、多跨、高低跨，平面布局灵活，外形轻巧，形式多样。武汉体育馆即是用钢拉杆平衡钢筋混凝土拱推力的一个实例，如图3-2（d）所示。

（2）由框架结构承受拱推力的建筑造型

在拱的两侧设置框架来抵抗水平推力是又一种常见的处理方式。但框架应具有足够的刚度，拱脚与框架连接要防止发生水平位移或倾斜。根据建筑使用功能和造型要求，在两组框架之间可以布置单跨或多跨，如图3-2（e）、（f）所示。

（3）由基础承受拱推力的建筑造型

当水平推力不太大，或地质条件较好时，落地拱的推力可由基础直接承受。北京体育学院田径房即为这种处理方式的实例，如图3-2（g）、（h）、（i）所示。

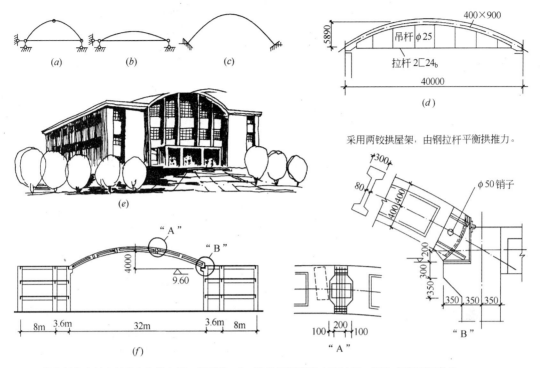

采用两铰拱屋架,由钢拉杆平衡拱推力。

崇文门菜市场中间跨为售货大厅,屋顶为32m跨的钢筋混凝土两铰拱,两边布置三层高的钢筋混凝土框架以支承两铰拱,三层框架部分为小营业厅。拱为装配式整体结构,拱上铺加气混凝土屋面板,油毡屋面。根据建筑造型要求,拱的矢高为拱跨的1/8,即4m。

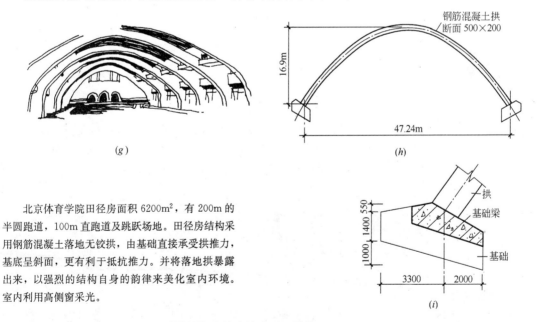

北京体育学院田径房面积6200m²,有200m的半圆跑道,100m直跑道及跳跃场地。田径房结构采用钢筋混凝土落地无铰拱,由基础直接承受拱推力,基底呈斜面,更有利于抵抗推力。并将落地拱暴露出来,以强烈的结构自身的韵律来美化室内环境。室内利用高侧窗采光。

图3-2 拱结构及其建筑造型(单位:mm)

(a)三铰拱;(b)两铰拱;(c)无铰拱;(d)武汉体育馆;
(e)北京崇文门菜市场外景;(f)北京崇文门菜市场剖面图;
(g)北京体育学院田径房内景;(h)田径房剖面;(i)无铰拱基础大样

3.1.2 刚架结构及其建筑造型

1）受力特点、优缺点和适用范围

刚架是横梁和柱以整体连接方式构成的一种门形结构。由于梁和柱是刚性结点，在竖向荷载作用下柱对梁有约束作用，因而能减少梁的跨中弯矩。同样，在水平荷载作用下，梁对柱也有约束作用，能减少柱内的弯矩。刚架结构比屋架和柱组成的排架结构轻巧，可以节省钢材和水泥。由于大多数刚架的横梁是向上倾斜的，不但受力合理，且结构下部的空间增大，对某些要求高大空间的建筑特别有利。同时，倾斜的横梁使建筑的屋顶形成折线形，建筑外轮廓富于变化。

由于刚架结构受力合理，轻巧美观，能跨越较大的跨度，制作又很方便，因而应用非常广泛。一般用于体育馆、礼堂、食堂、菜场等大空间的民用建筑，也可用于工业建筑，但刚架结构的刚度较差，不宜用于吊车起吊重量超过100kN的厂房等建筑。

2）刚架结构的形式

刚架按结构组成和构造方式的不同，分为无铰刚架、两铰刚架、三铰刚架，如图3-3（a）、（b）、（c）所示。无铰刚架和两铰刚架是超静定结构，结构刚度较大，但当地基条件较差，发生不均匀沉降时，结构将产生附加内力。三铰刚架则属于静定结构，在地基产生不均匀沉降时，结构不会引起附加内力，但其刚度不

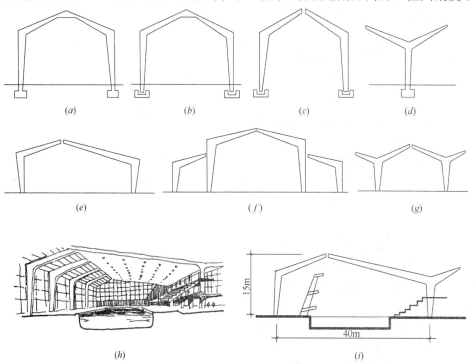

杭州黄龙洞游泳馆采用不对称钢筋混凝土刚架结构，充分利用结构下部空间布置跳水台，刚架下面部分设有吊顶，部分露明，借用结构构件作室内装饰。

图 3-3 刚架结构及其建筑造型

(a) 无铰刚架；(b) 两铰刚架；(c) 三铰刚架；(d) 悬臂式刚架；(e) 单跨不对称刚架；
(f) 三跨不等高刚架；(g) 单跨带悬臂刚架；(h) 杭州黄龙洞游泳馆内景；(i) 黄龙洞游泳馆剖面

如前两种好。一般来说，三铰刚架多用于跨度较小的建筑，两铰和无铰刚架可用于跨度较大的建筑。

3) 刚架结构的建筑造型

刚架结构常用钢筋混凝土建造，为了节约材料和减轻结构自重，通常将刚架做成变断面形式，柱梁相交处弯矩最大，断面增大，铰接点处弯矩为零，断面最小，所以刚架的立柱断面呈上大下小。根据建筑造型需要，立柱可做成里直外斜，或外直里斜。刚架多采用预制装配，构件呈"Y"形和"Γ"形，用这些构件可组成单跨、多跨、高低跨、悬挑跨等各式各样的建筑外形。屋脊一般在跨度正中间，形成对称式刚架，也可偏于一边，构成不对称式刚架，如图 3-3（d）、(e)、(f)、(g) 所示。图 3-3（h）、(i) 是杭州黄龙洞游泳馆，采用钢筋混凝土刚架结构，主跨为不对称刚架，屋脊靠左移，使跳水台处有足够的高度，主跨右侧带有一悬挑跨，用作休息和其他辅助房间。

3.1.3 桁架结构及其建筑造型

1) 受力特点、优缺点和适用范围

桁架是由杆件组成的一种格构式结构体系。杆件与杆件的连接假定为铰结，在外力作用下的杆件内力为轴向力（拉力或压力），而且分布均匀，故桁架结构比梁结构受力合理。桁架的杆件内力是轴向力，而梁的内力主要是弯矩，且分布不均匀，梁的断面大小常以最大弯矩处的断面尺寸为整个梁的断面大小，因此梁的材料强度利用不够充分。桁架内力分布均匀，材料强度能充分利用，减少材料耗量和结构自重，使结构跨度增大。所以桁架结构是大跨度建筑常用的一种结构形式，主要用于体育馆、影剧院、展览馆、食堂、菜场、商场等公共建筑。

为了使桁架的规格统一，有利于工业化施工，建筑的平面形式宜采用矩形或方形。

2) 桁架结构形式

桁架一般用木材、钢材、钢筋混凝土建造。桁架形式分为三角形、梯形、拱形、无斜腹杆式和三铰拱式等各种形式，如图 3-4（a）、(b)、(c)、(d)、(e)、(f) 所示。

三角形桁架可用钢、木或钢筋混凝土制作。当跨度不超过 18m 时，杆件内力较小，比较经济，仅适用于跨度不大于 18m 的建筑。

梯形桁架可用钢或钢筋混凝土制作。常用跨度为 18～36m，桁架矢高与跨度之比一般为 $\frac{f}{L}$=1/8～1/6。梯形桁架的端部增大，降低了结构的稳定性，增加了材料用量。

拱形桁架的外形呈抛物线，与上弦的压力线重合，杆件内力均匀，比梯形桁架材料耗量少。矢高与跨度之比一般为 1/8～1/6。可用钢或钢筋混凝土制作。常用跨度为 18～36m，我国最大的预应力混凝土拱形桁架已做到 60m。

无斜腹杆桁架的上弦为抛物线形，犹如拱，主要承受轴向压力，竖杆和下弦受拉力，结构用料经济，由于无斜腹杆，结构造型简洁，便于制作，在桁架之间

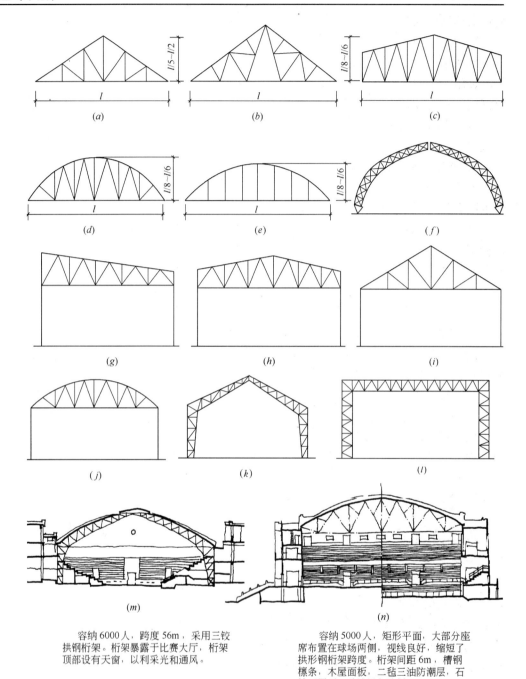

图 3-4 桁架结构及其建筑造型

(a) 三角形豪式桁架；(b) 三角形芬克式桁架；(c) 梯形桁架；(d) 拱形桁架；(e) 拱形无斜腹杆桁架；
(f) 三铰拱桁架；(g) 梯形桁架单坡屋顶；(h) 梯形桁架双坡屋顶；(i) 三角形桁架双坡屋顶；
(j) 拱形桁架曲面屋顶；(k) 桁架式三铰刚架双坡屋顶；(l) 由矩形桁架组成的排架，平屋顶；
(m) 北京体育馆；(n) 重庆体育馆

铺管道和进行检修工作均很方便,特别适用于在桁架下弦有较多吊重的建筑,常用跨度为 15～30m。

桁架选型考虑的因素是:综合考虑建筑的功能要求、跨度和荷载大小、材料供应和施工条件等因素。当建筑跨度在 36m 以上时,为了减轻结构自重,宜选择钢桁架;跨度在 36m 以下时,一般可选用钢筋混凝土桁架,有条件时最好选用预应力混凝土桁架;当桁架所处的环境相对湿度大于 75% 或有腐蚀性介质时,不宜选用木桁架和钢桁架,而应选用预应力混凝土桁架。

3) 桁架结构的建筑造型

桁架结构在大跨度建筑中多用作屋顶的承重结构,根据建筑的功能要求、材料供应和经济的合理性,可设计成单坡、双坡、单跨、多跨等不同的外观和形状,如图 3-4(g)、(h)、(i)、(j)、(k)、(l) 所示。图 3-4(m) 为采用三铰拱钢桁架的北京体育馆的剖面。图 3-4(n) 为采用拱形钢桁架的重庆体育馆的剖面。建筑造型的特征见图下文字说明。

3.1.4 网格结构及其建筑造型

1) 受力特点、优缺点和适用范围

网格结构是一种由多根杆件以一定规律通过节点组成的空间结构。它具有下列优点:

(1) 杆件之间互相起支撑作用,形成多向受力的空间结构,故其整体性强、稳定性好、空间刚度大,有利于抗震;

(2) 当荷载作用于网格各节点上时,杆件主要承受轴向力,故能充分发挥材料的强度,节省材料;

(3) 结构高度小,可以有效地利用空间;

(4) 结构的杆件规格统一,有利于工厂生产;

(5) 形式多样,可创造丰富多彩的建筑形式。

网格结构主要用来建造大跨度公共建筑的屋顶,适用于多种平面形状,如圆形、方形、三角形、多边形等各种平面的建筑。

2) 网格结构的形式

网格结构按其外形分为平板网格结构和曲面网格结构两类,前者简称网架,后者简称网壳,通常采用金属材料制作。

网架和网壳的形式如图 3-5(a)、(b)、(c) 所示,网架一般都是双层的,也可做成多层的;网壳可以是单层的,也可以是双层的。

网架自身不产生推力,支座为简支,构造比较简单,可以适用于各种形状的建筑平面,所以应用广泛。网壳多数是有推力的结构,支座条件较复杂,但外形丰富,建筑造型多变。

3) 网架的类型与尺寸

网架按其构造方式不同,可分为交叉桁架体系和角锥体系两类。

(1) 交叉桁架体系的平板网架

交叉桁架体系由两向或三向相互交叉的桁架所构成。

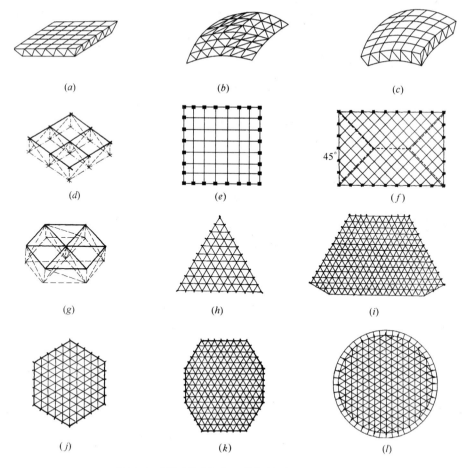

图 3-5 网架形式与交叉桁架体系的平板网架
(a) 网架；(b) 单层网壳；(c) 双层网壳；(d) 两向网架；(e) 两向正放网架；
(f) 两向斜放网架；(g) 三向网架；(h) 三向三角形平面；(i) 三向梯形平面；
(j) 三向正六边形平面；(k) 三向八边形平面；(l) 三向圆形平面

- 两向交叉桁架构成的平板网架。两向交叉桁架的交角大多数为90°，按网架与建筑平面的相对位置，有正放和斜放两种布置方式，如图 3-5 (d)、(e)、(f) 所示。正放网架构造较简单，一般适用于正方形或近似正方形的建筑平面，这样可使两个方向的桁架跨度接近，才能共同受力发挥空间作用。如果平面形状为长方形，受力状态类似于单向板结构，网架的空间作用很小。对于中等跨度（50m左右）的正方形建筑平面，采用正放网架较为有利，特别是四支点支承时比斜放网架更优越。

斜放网架的外形较美观，刚度更好，用钢量更省，特别是跨度比较大时其优越性更明显。同时斜放网架不会因使用于长条形矩形建筑平面而削弱其空间受力状态，所以斜放网架比正放网架适用的范围更为广泛。

- 三向交叉桁架构成的平板网架。由三个方向的桁架相互以60°夹角组成。它比两向交叉桁架的刚度大，杆件内力更均匀，能跨越更大的空间，但其节点构造复杂。三向交叉桁架特别适用于三角形、梯形、六边形、八边形、圆形等平面形状的建筑，如图 3-5（g）、(h)、(i)、(j)、(k)、(l) 所示。

(2) 角锥体系平板网架

角锥体系平板网架分别由三角锥、四角锥、六角锥等锥体单元组成。这类网架比交叉桁架体系平板网架的刚度大，受力情况好，并可事先在工厂预制成标准锥体单元，对运输和安装均很方便。

- 三角锥体平板网架。由呈三角锥体的杆件组成，锥尖可朝下或朝上布置。这种网架比四角锥网架和六角锥网架受力更均匀，是大跨度建筑中应用最广的一种网架形式。它适合于各种建筑平面形状，如矩形、方形、三角形、梯形、多边形、圆形等，如图 3-6（a）、(b) 所示。

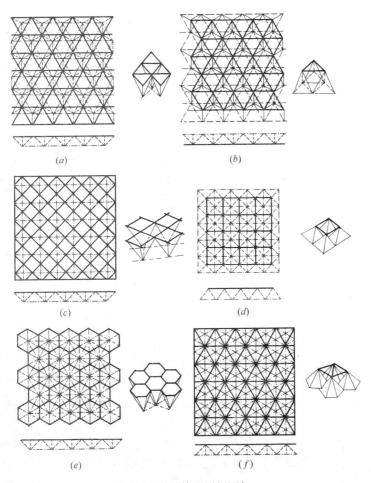

图 3-6 角锥体系平板网架
(a) 三角锥网架（锥尖朝下）；(b) 三角锥网架（锥尖朝上）；
(c) 四角锥网架（锥尖朝下）；(d) 四角锥网架（锥尖朝上）；
(e) 六角锥网架（锥尖朝下）；(f) 六角锥网架（锥尖朝上）

- 四角锥体平板网架。由呈四角锥体的杆件组成，锥尖可朝下或朝上布置，可正放或斜放，受力情况不及三角锥体网架，如图 3-6（c）、(d) 所示。这种网架多用于中小型大跨度建筑，正放四角锥体网架适用于正方形或近似正方形的平面，而斜放四角锥体网架无论方形或长条矩形平面都适用。斜放网架的上弦杆较短,对受压有利,下弦较长,但为受拉杆件,充分发挥了材料的强度,且节点汇集杆件的数目少,构造较简单,故应用甚广。

- 六角锥体平板网架。由呈六角锥体的杆件组成,锥尖可朝下或朝上布置,如图3-6（e）、（f）所示。这种网架节点处聚集的杆件数目最多,屋面板呈六角形（锥尖朝下布置时）或呈三角形（锥尖朝上布置时）,故构造复杂,施工麻烦,用钢量较大,一般宜用于60m以上跨度。

（3）平板网架的主要尺寸

平板网架的高度与网格尺寸主要取决于网架的跨度,表3-1中的数据可作设计参考。

平板网架的主要尺寸　　　　表3-1

网架短向跨度	网架高度与短向跨度之比	网格尺寸与短向跨度之比
小于30m	1/13～1/10	1/12～1/8
30～60m	1/15～1/12	1/14～1/11
大于60m	1/18～1/14	1/18～1/13

当采用钢筋混凝土屋面板时,网格尺寸不宜过大,一般不超过3m×3m,否则构件太重,吊装困难。

4）网架杆件断面与节点连接

（1）网架杆件断面

网架杆件常用钢管或角钢,钢管比角钢受力合理,省材料,应用最广。钢管壁厚不应小于1.5mm。

（2）网架杆件节点连接

当网架杆件采用角钢时,节点处用连接钢板将各杆件连接起来,可采用焊接或螺栓连接方式,如图3-7（a）所示。

当网架杆件为钢管时,宜用钢球将各杆件连接起来,如图3-7（b）所示。这种连接方法构造简单、用钢量少、外形美观,被广泛采用。

（3）网架排水坡度的形成方法

拱形和穹形网架由自身的曲面自然形成一定的排水坡度。平板网架的排水坡

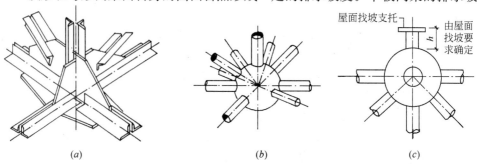

图3-7　网架杆件断面与节点连接构造
（a）角钢杆件节点；（b）钢管杆件节点；（c）加焊钢管找屋顶坡度

度一般为 2%～5%，坡度的形成方法有两种：一是网架自身起拱，屋面板或檩条直接搁于网架节点上，这种方法使网架的各节点标高变化复杂，特别是正方形四坡水屋顶更复杂，故较少采用；另一种是在网架上弦节点加焊短钢管或角钢找出屋面坡度，这种方法网架本身是平放的，构造较简单，网架各节点的标高一致，容易控制，故应用较广，如图 3-7（c）所示。

5）网架和网壳结构的建筑造型

网格结构的建筑造型主要受两个因素的影响：一是结构的形式，二是结构的支承方式。平板网架的屋顶一般是平屋顶，但建筑的平面形式可多样化。网壳的外形多变，如拱形网壳的建筑外形呈拱曲面，但平面形式往往比较单一，多为矩形平面，穹形网壳的外形呈半球形或抛物面形等，平面则为圆形或其他形状。

网架及网壳的支承方式对建筑造型是一个很重要的影响因素。网架或网壳的下部支承或为墙、或为柱、或悬挑、或封闭、或开敞。应根据建筑的功能要求、跨度大小、受力情况、艺术构思等因素确定。当跨度不大时，网架可支承在四周圈梁上，圈梁则由墙或柱支承，见图 3-8（a）、（b）。这种支承方式对网架尺寸的划分比较自由，网架受力均匀，门窗开设位置不受限制，建筑立面处理灵活。

当跨度较大时，网架宜直接支承于四周的立柱上，如图 3-8（c）所示。这种

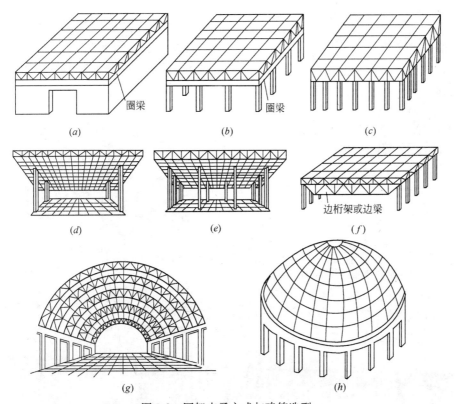

图 3-8 网架支承方式与建筑造型

(a) 网架支承在圈梁上；(b) 网架支承在圈梁上；(c) 网架支承在四周列柱上；
(d) 网架悬挑支承在四根柱上；(e) 网架悬挑支承在四周列柱上；(f) 网架支承在三边列柱上；
(g) 拱形网架支承在两排列柱上；(h) 穹形网架支承在周边柱上

支承方式传力直接，受力均匀，但柱网尺寸要与网架的网格尺寸相一致，使网架节点正好处于柱顶位置。

建筑不允许出现较多的柱时，网架可以支承在少数几根柱子上，如图 3-8（d）、(e) 所示。这种支承方式网架的四周最好向外悬挑，利用悬臂来减少网架的内力和挠度，从而降低网架的造价。两向正交正放的平板网架采用四支点支承最有利。

当建筑的一边需要敞开或开设宽大的门时，网架可以支承在三边的列柱上，如图 3-8（f）所示。敞开的一面没有柱子，为了保证网架空间刚度和均匀受力，敞开的一面应设置边梁或边桁架。

拱形网壳的支承需要考虑水平推力，解决办法可以参照拱结构的支承方式进行处理。穹形网壳常支承在环梁上，环梁置于柱或墙上。图 3-8（g）、（h）为拱形网壳和穹形网壳支承方式和造型示例。

6）网架结构建筑造型实例

下面列举两个实例，具体说明网架建筑的造型处理。一是南京五台山体育馆，平面呈八角形，采用平板网架；另一个例子，是北京的国家大剧院，采用穹形网壳，造型新颖独特，是我国的著名建筑之一。如图 3-9 所示。

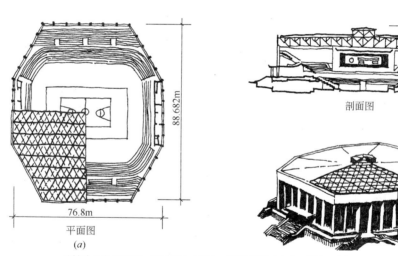

(a)

该馆为八角形平面，容纳观众 1 万人。屋顶采用三向交叉桁架平板网架，平面尺寸长为 88.682m，宽为 76.8m，网架高 5m，采用钢管杆件球节点组装而成，网架周边支承在一圈钢筋混凝土柱上。

(b)

图 3-9　北京国家大剧院采用肋环形空腹双层网壳，造型单纯简洁、完整统一
(a) 南京五台山体育馆；(b) 北京国家大剧院

3.1.5 折板结构及其建筑造型

1) 受力特点、优缺点及适用范围

折板结构是以一定倾斜角度整体相连的一种薄板体系。折板结构通常用钢筋混凝土建造，也可用钢丝网水泥建造。

折板结构由折板和横隔构件组成，如图3-10（a）所示。在波长方向，折板犹如一块折叠起伏的钢筋混凝土连续板，折板的波峰和波谷处刚度大，可视为连续板的各支点，如图3-10（b）所示。在跨度方向，折板如同一钢筋混凝土梁，如图3-10（c）所示，其强度随折板的矢高而增加。横隔构件的作用是将折板在支座处牢固地结合在一起，如果没有它，折板会坍塌而破坏。横隔构件可根据建筑造型需要来设计，如钢筋混凝土横隔板、横隔梁等。折板的波长不宜太大，否则板太厚，不经济，一般不应大于12m。

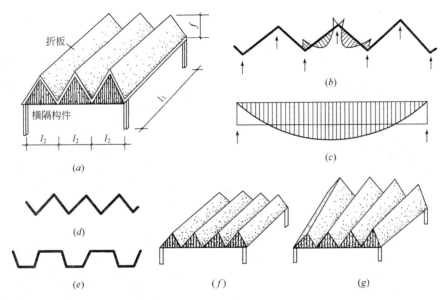

图 3-10 折板结构的组成和形式

（a）折板组成；（b）沿波长方向折板如同一连续板；（c）沿跨度方向折板如同一简支梁；
（d）三角形断面折板；（e）梯形断面折板；（f）平行折板；（g）扇形折板

跨度与波长之比大于等于1时称为长折板，小于1时称为短折板。为了获得良好的力学性能，长折板的矢高不宜小于跨度的1/15～1/10，短折板的矢高则不宜小于波长的1/8。

折板结构呈空间受力状态，具有良好的力学性能，结构厚度薄，省材料，可预制装配，省模板，构造简单。折板结构可用来建造大跨度屋顶，也可用作外墙。

2) 折板结构形式

折板结构按波长数目的多少分为单波和多波折板；按结构跨度的数目有单跨与多跨之分；若按结构断面形式分为三角形折板和梯形折板，如图3-10（d）、（e）所示；若依折板的构成情况，又可分为平行折板和扇形折板，如图3-10（f）、（g）所示。平行折板构造简单，最常用。扇形折板一端的波长较小，另一端的波长较大，呈放射状，多用于梯形平面的建筑。

3）折板结构的建筑造型

由于折板结构构造简单，又可预制装配施工，故被广泛用于工业与民用建筑，可用于矩形、方形、梯形、多边形、圆形等平面。由折板结构建造的房屋，造型新颖，具有独特的外观。

巴黎联合国教科文组织会议大厅用折板结构建造屋顶和外墙，由于设计师的精心设计，折板形成的大厅顶棚具有强烈的艺术感染力，如图 3-11 所示。

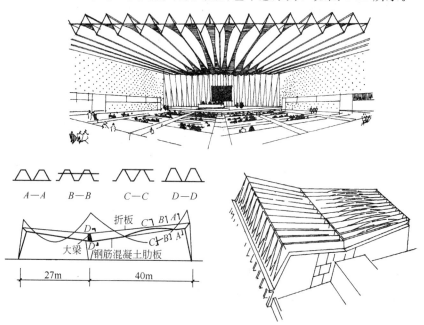

图 3-11 巴黎联合国教科文组织会议大厅

该会议大厅由意大利著名工程师奈尔维设计，大厅为梯形平面，其屋顶沿大厅纵向布置成扇形折板，和同样是折板的前后山墙相交。折板为两跨，分别为 40m 和 27m。两跨交界处用一根大梁加强折板，大梁由 6 根柱支托。为加强折板，在折板之间加了一层与之相交的肋板，肋板随折板结构的弯矩图上下波动形成一个曲面，使大厅顶棚呈现出结构的韵律感和空间的深度感。

巴西圣保罗会堂是另一个用折板结构建造的著名建筑，扇形折板从会堂中心向四周呈放射布置成圆形，巧妙地运用切割手法形成一圈三角形的外墙，结构形式与建筑造型完美统一，如图 3-12 所示。

3.1.6 薄壳结构及其建筑造型

自然界某些动植物的种子外壳、蛋壳、贝壳，可以说是天然的薄壳结构，它们的外形符合力学原理，以最少的材料获得坚硬的外壳，以抵御外界的侵袭。人们从这些天然壳体中受到启发，利用混凝土的可塑性，创造出各种形式的薄壳结构。

1）受力特点、优缺点和适用范围

薄壳结构是用混凝土等刚性材料以各种曲面形式构成的薄板结构，呈空间受力状态，主要承受曲面内的轴向力，而弯矩和扭矩很小，所以混凝土强度能得到充分

第3章 大跨度建筑构造

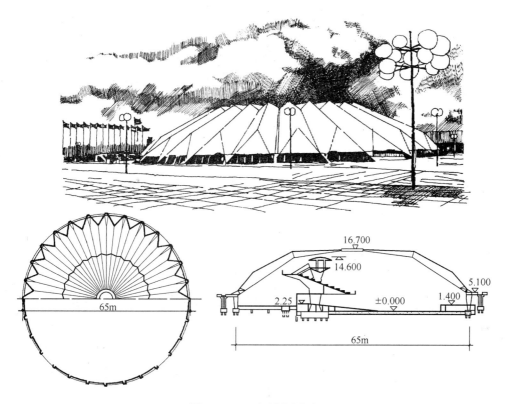

图 3-12 巴西圣保罗会堂

该会堂为多功能用途，篮球赛可容纳 1.8 万人，演戏可容纳 0.4 万人，集会可容纳 2 万人。主厅呈圆形平面，直径 65m，最大视距 40m。观众席分为池座、阶梯看台、楼座三部分。屋顶和外墙为钢筋混凝土折板结构，为了采光，在顶部中央设有一天窗。靠近地面部分的折板被斜向切割，形成三角形侧窗，使会堂造型新颖，做到结构与建筑形式完美统一。

利用。由于是空间结构，强度和刚度都非常好。薄壳厚度仅为其跨度的几百分之一。而一般的平板结构厚度至少是跨度的几十分之一。所以薄壳结构具有自重轻、省材料、跨度大、外形多样的优点，可用来覆盖各种平面形状的建筑物屋顶。但大多数薄壳结构的形体较复杂，多采取现浇施工，费工、费时、费模板，且结构计算较复杂，不宜承受集中荷载，这些缺点在一定程度上影响了它的推广使用。

2) 薄壳结构的形式

薄壳结构形式很多，常用的有筒壳、圆顶壳、双曲扁壳、鞍形壳等四种。

（1）筒壳

筒壳由壳面、边梁、横隔构件三部分组成，如图 3-13（a）所示。两横隔构件之间的距离（l_1）称为跨度，两边梁之间的距离为波长（l_2）。筒壳跨度与波长的比值不同时，其受力状态也不一样。当 l_1/l_2 大于 1 时称为长壳，l_1/l_2 小于 1 时为短壳。短壳比长壳的受力性能更好，这主要是横隔构件起的作用。横隔构件承受壳板和边梁传来的力，如果没有横隔构件，筒壳就不能形成空间结构。横隔构件可做成拱形梁、拱形桁架、拱形刚架等多种结构形式。

为了保证筒壳的强度和刚度，壳体的矢高应大于或等于 $l_1/15 \sim l_1/10$。

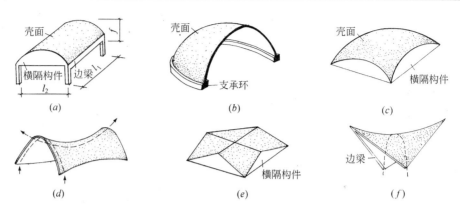

图 3-13 薄壳结构形式
(a) 筒壳；(b) 圆顶壳；(c) 双曲扁壳；(d) 鞍形壳；(e) 扭壳（一）；(f) 扭壳（二）

筒壳为单曲面薄壳，形状较简单，便于施工，是最常用的薄壳形式。

(2) 圆顶壳

圆顶壳由壳面和支承环两部分组成，如图 3-13 (b) 所示。支承环对壳面起箍的作用，主要内力为拉力。壳面径向受压，环向上部受压，下部为拉或压。由于支承环对壳面的约束作用，壳面边缘会产生局部弯矩，因此壳面在支承环附近应适当增厚。

圆顶壳可以支承在墙上、柱上、斜拱或斜柱上。

由于圆顶壳具有很好的空间工作性能，很薄的圆顶可以覆盖很大的空间，可用于大型公共建筑，如天文馆、展览馆、体育馆、会堂等各种建筑。

(3) 双曲扁壳

这种薄壳由双向弯曲的壳面和四边的横隔构件组成，如图 3-13 (c) 所示，圆壳顶矢高与边长之比很小（$f/e \leqslant 1/5$），壳体呈扁平状，故称为双曲扁壳。壳体中间区域为轴向受压，弯矩出现在边缘，四角则有较大的拉力。

双曲扁壳受力合理，厚度薄，可覆盖较大的空间，较经济，适用于工业与民用建筑的各种大厅或车间。

(4) 双曲抛物面壳

双曲抛物面壳由壳面和边缘构件组成，外形特征犹如一组抛物线倒悬在两根拱起的抛物线之间，形如马鞍，故又称鞍形壳，如图 3-13 (d) 所示。倒悬方向的曲面如同受拉的索网，向上拱起的曲面如同拱结构，拉压相互作用，提高了壳体的稳定性和刚度，使壳面可以做得很薄。如果从双曲抛物面壳上切取一部分，可以做成各种形式的扭壳，如图 3-13 (e)、(f) 所示。

3）薄壳结构的建筑造型

薄壳结构的建筑造型是以各种几何曲面图形为基本特征，基本形式为圆筒形、圆球形、双曲抛物面形。它与传统的梁、板、架一类结构相比，在造型上独具特色，容易给人以新奇感，突出建筑物的个性。世界著名建筑中有不少是用薄壳结构建成的，深究其成功的奥秘，发现它们往往不是简单地重复那些基本形式，而是巧妙地运用交贯、切割、改变结构参数等方法，对一种或一种以上的薄壳形式加以重新组合，进行再创造，因而在建筑造型上有所突破和创新。图 3-14 ~图 3-16 所列举的 8 个实例可以充分说明这一点。

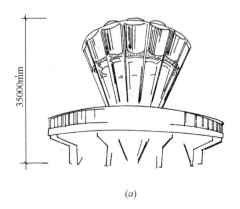

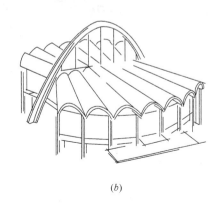

上部为一容量达 3000m³ 的水塔，下部为一 2500m² 的市场。

水塔由一圈向内凹进的筒壳围成圆锥形，塔身支承在一根中心柱上，壳的外围由向外凸的肋箍住，承受环向张力。这组建筑在造型上的创新主要体现在把壳体看作竖向跨越的元件，并收缩成一锥形。

该厅屋顶由一钢筋混凝土拱悬吊两组筒壳组成，竖向的拱与横向的筒壳形成对比，而且拱使筒壳跨度缩短一半。筒壳的波长外大里小，构成扇形效果。鲜明的个性表现在拱与壳两种结构形式的巧妙组合和筒壳的波长变化上。

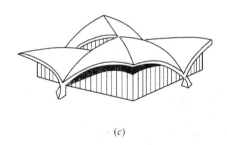

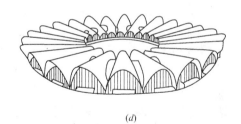

该馆屋顶以四片筒形薄壳呈十字形正交覆盖于一方形平面上空，四片筒壳的外沿切割成尖叶形。壳体相交的谷像加劲肋一样增强了壳体强度，整个壳顶支承在四个柱墩上。

该航空港的屋顶由两套筒壳组成，一套是呈放射状布置的锥形筒壳，另一套是呈环状的筒壳与锥形筒壳相交，共同组成屋顶结构体系。其结构刚度主要来自两套壳体相交的谷。建筑造型上的鲜明特征表现在两套壳体的巧妙"相贯"上。

图 3-14　薄壳结构建筑造型实例（一）
(a) 法国思恩中心新水塔；(b) 美国加拉哈西多功能大厅；
(c) 法国格勒诺布尔冰球馆；(d) 美国"未来航空港设计方案"

3.1.7　悬索结构及其建筑造型
1) 悬索结构的受力特点、优缺点和适用范围

悬索结构用于大跨度建筑是受悬索桥梁的启示。我国在公元 5 世纪就已建造了这种桥梁，跨度达 104m 的大渡河泸定桥就是著名的铁索桥实例。20 世纪 50 年代以后，由于高强钢丝的出现，国外开始用悬索结构来建造大跨度建筑的屋顶。

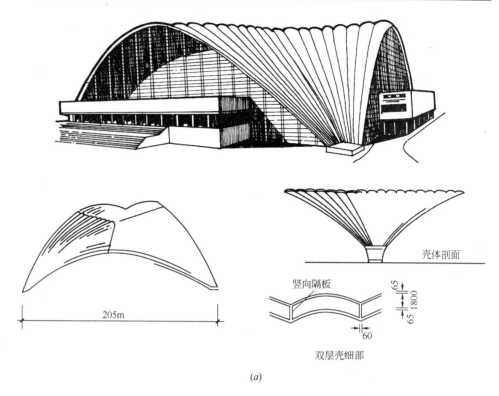

该陈列厅平面呈等边三角形，边长205m，高出地面48m，总建筑面积9万 m²，屋顶由三束锥状双曲面筒壳从三个方向交汇于屋顶中心构成一拱顶，三个立面呈抛物线形。为加强结构稳定性，采用了由上下两层壳板和纵横隔板组成的空腔壳体，采用预制施工。混凝土折算厚度18cm仅为跨度的1/114。

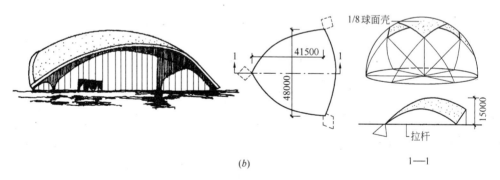

该礼堂由沙里宁设计，能容纳1200人。屋顶由1/8球面薄壳构成，平面形状为曲边三角形。在薄壳的三个边缘设有向上卷起的边梁，将壳面荷载传至三个支座，并由埋在地下的拉杆拉住，以平衡壳体的水平推力。屋面用铜板覆盖，三个曲面外墙为玻璃幕墙，造型轻盈活泼。

图 3-15　薄壳结构建筑造型实例（二）（单位：mm）
（a）巴黎国家工业与技术中心陈列馆；（b）美国麻省理工学院礼堂

悬索结构由索网、边缘构件和下部支承结构三部分组成，如图 3-17（a）所示。因索网非常柔软，只承受轴向拉力，既无弯矩也无剪力。索网的边缘构件是索网的支座，索网通过锚固件固定在边缘构件上。根据不同的建筑形式要求，边缘构件可以采用梁、桁架、拱等结构形式，它们必须具有足够的刚度，以承受索

第3章 大跨度建筑构造

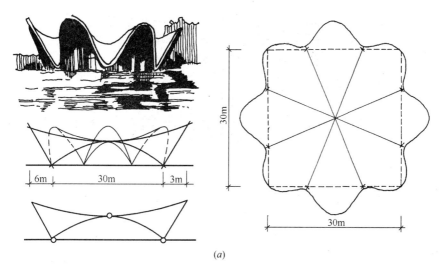

该餐厅建于墨西哥首都附近花田市游览中心,建筑平面为正方形,屋顶由四个双曲抛物面薄壳交叉相贯组成形如莲花的壳顶。交叉部位的壳板增厚,如像四条交叉的拱肋支承在8个基础上。壳板厚度仅4cm,壳体外围8个立面各朝内斜向切去一刀。整个建筑犹如一朵盛开的水浮莲飘浮在水面,构思别具匠心。

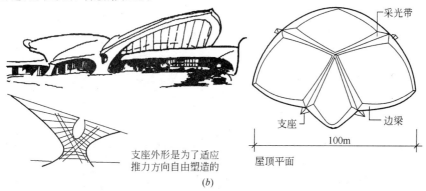

该候机楼由沙里宁设计,屋顶由四片双曲面钢筋混凝土薄壳组成,像一只飞翔的大鸟。四个壳体由采光带相互分开,壳体边缘设有边梁增强刚度,抵抗变形。边梁朝向支座方向逐渐加宽,以适应渐渐增大的内力。壳体支座的形状完全根据合力的位置和合力的方向进行塑造。整个建筑造型是艺术灵感与结构形式具体结合的典范,该设计主要通过模型实验,直到满意为止,而没有任何生硬几何图形的痕迹。

图 3-16 薄壳结构建筑造型实例(三)
(a) 墨西哥霍奇米洛科餐厅;(b) 纽约 TWA 环球航空公司候机楼

网的拉力。悬索的下部支承结构一般是受压构件,常采用柱结构。

悬索结构的主要优点是:

- 充分发挥材料的力学性能,利用钢索来受拉、钢筋混凝土边缘构件来受压、受弯,因而能节省大量材料,减轻结构自重,比普通钢结构建筑节省钢材50%;

- 由于主要构件承受拉力,其外形与一般传统建筑迥异,因而其建筑造型给人以新鲜感,且形式多样,可适合于方形、矩形、椭圆形等不同的平面形式;

- 由于它受力合理,自重轻,故能跨越巨大的空间而不需要在中间加支点,为建筑功能的灵活安排提供了非常有利的条件;

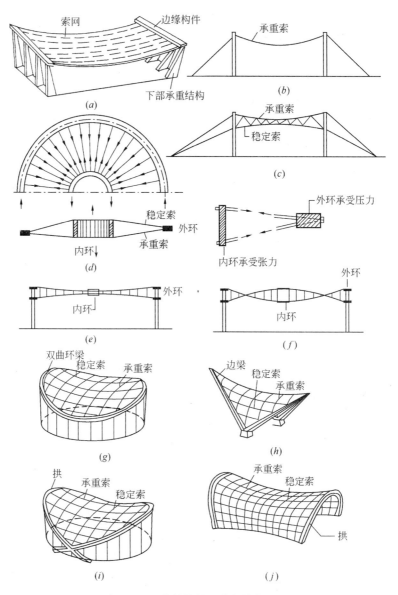

图 3-17 悬索结构的组成与结构形式
(a) 悬索结构组成；(b) 单层单曲面悬索；(c) 双层单曲面悬索；(d) 轮辐式悬索（一）；(e) 轮辐式悬索（二）；(f) 轮辐式悬索（三）；(g) 鞍形悬索（一）；(h) 鞍形悬索（二）；(i) 鞍形悬索（三）；(j) 鞍形悬索（四）

- 悬索结构的施工比起其他大跨度建筑更方便更快速，因钢索自重轻，不需要大型施工设备便可进行安装。

悬索结构的主要缺点是在强风吸引力的作用下容易丧失稳定而破坏，故在设计中应加以周密考虑。

但从总体来看，悬索结构的优点是主要的，因而在大跨度建筑中应用较广，特别是跨度在 60～150m 范围内与其他结构比较，具有明显的优越性。它主要用来覆盖体育馆、大会堂、展览馆等类建筑的屋顶。

2) 悬索结构形式

悬索结构按其外形和索网的布置方式分为单曲面悬索和双曲面悬索，单层悬索与双层悬索。

(1) 单层单曲面悬索结构

单层单曲面悬索由许多相互平行的拉索组成，像一组平行悬吊的缆索，屋面外表呈下凹的圆筒形曲面，如图 3-17（b）所示。拉索两端的支点可以是等高和不等高的，边缘构件可以是梁、桁架、框架、下部支承结构为柱。单层单曲面悬索结构构造简单，但抗振动和抗风性能差，在强风吸引力的作用下，悬索发生振动，为了弥补这一缺陷，提高屋顶的稳定性，可在悬索上铺钢筋混凝土屋面板，并对屋面板施加预应力，形成下凹的混凝土壳体，借以增强屋面刚度，提高抗风抗振能力。不过这样处理的结果，使悬索结构轻巧的形象被削弱了。

悬索的垂度大小直接影响索中的拉力大小，垂度越小拉力越大。垂度一般控制在跨度的 1/50～1/20 范围内。

(2) 双层单曲面悬索结构

双层单曲面悬索也是由许多相互平行的拉索组成的，但与单层单曲面悬索所不同的是，每一拉索均为曲率相反的承重索和稳定索构成，如图 3-17（c）所示。承重索与稳定索之间用拉索拉紧，也就是对上下索施加预应力，增强了屋顶的刚度，因而不必采用厚重的钢筋混凝土屋面板，而改用轻质材料覆盖屋面，使屋面自重减轻，造价降低，比单层单曲面悬索的抗风抗振性能好。

上索的垂度可取跨度的 1/20～1/7，下索的拱度可取跨度的 1/25～1/20。

以上两种悬索结构形式适用于矩形平面，而且多布置成单跨。

(3) 双曲面轮辐式悬索结构

双曲面轮辐式悬索结构为圆形平面，设有上下两层放射状布置的索网，下层索网承受屋面荷载，称为承重索，上层索网起稳定作用，称为稳定索，两层索网均固定在内外环上，酷似一个自行车轮平搁于建筑物的顶部，所以叫轮辐式悬索结构，如图 3-17（d）所示。这种结构的外环受压力，内环受拉力。

将上述轮辐式悬索变换一下上下索的位置和内外环的形式，可以构成外形完全不同的轮辐式悬索结构，如图 3-17（e）、（f）所示，它们有两道受压外环，上下索之间均用拉索拉紧。

轮辐式悬索结构比单层单曲面悬索增加了稳定索，屋面刚度变大，抗风抗振性好，屋面轻巧，施工方便。轮辐式悬索结构在圆形平面建筑中较常用。

(4) 双曲面鞍形悬索结构

这种悬索结构由两组曲率相反的拉索交叉组成索网，形成双曲抛物面，外形像马鞍，故称为鞍形悬索结构，如图 3-17（g）、（h）、（i）、（j）所示。向下弯曲的索为承重索，向上弯曲的为稳定索，施工时对稳定索施加预应力，将承重索也张紧，以增强结构刚度。

为了支承索网，马鞍形悬索结构的边缘构件可以根据建筑平面形状和建筑造型需要，采用双曲环梁、斜向边梁、斜向拱等结构形式。

建筑构造（下册）

美国华盛顿杜勒斯机场候机楼，采用单向悬索结构。

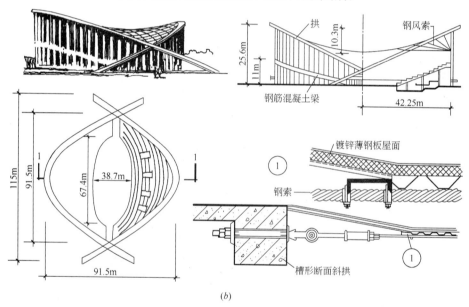

该馆容纳观众5500人，为枣核形平面。屋顶采用鞍形悬索结构，索网锚固在两个倾斜交叉拱上，沿展赛馆纵向布置向下弯曲的承重索，横向布置向上弯曲的稳定索。索网网格宽1.83m。交叉拱为槽形断面，其基础用拉杆相连以平衡拱的推力。交叉拱四周用钢柱支承，柱距2.4m，兼作门窗竖框。外墙支柱只在不对称荷载下才受力。在对称荷载下，斜拱和悬索保持平衡，柱不受力。该馆结构受力明确合理，自重轻，造型简洁、新颖，是马鞍形悬索结构的著名实例之一。

图3-18 悬索结构的建筑造型（一）
(a) 美国华盛顿杜勒斯机场候机楼；(b) 美国瑞利市牲畜展赛馆

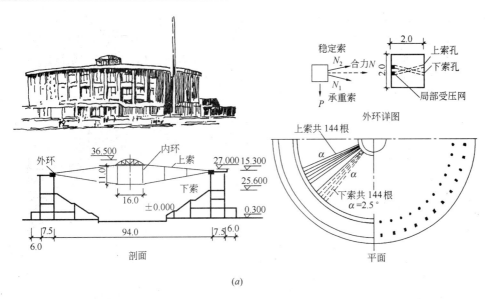

(a)

该馆为圆形平面,比赛厅直径94m,容纳观众1.5万人,外围为环形框架。大厅屋顶采用轮辐式悬索结构。悬索沿径向辐射状布置。上索承受屋面荷载并起稳定作用。下索为整个屋顶的承重索。上下索各144根,索的两端分别与内外环相连,为了便于在外环上锚固和尽量减少对外环断面的削弱,上下索在平面内各错开半个间隔。钢筋混凝土外环支承在环形框架的48根柱上,外环承受悬索的拉力后产生环向压力。内环为钢结构圆筒,直径16m,内环主要受环向拉力。

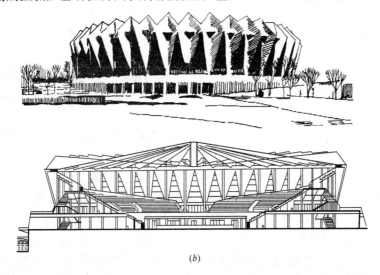

(b)

该馆为多功能用途,可进行体育比赛、文娱演出、公众聚会,可容纳1.1万观众。圆形平面,直径98m,馆高30m。该馆为两层预制框架结构,看台下沿周边有48根矩形断面柱,看台以上为48根折板柱,上部用175cm×75cm现浇钢筋混凝土圈梁连接起来。外立面构件之间嵌镶古铜色玻璃。屋顶为轮辐式悬索结构,它与北京工人体育馆不同之处是承重索与稳定索在外环上左右上下交叉相错布置,减少了内外环高差,缩小了大厅体积。建筑造型的特征表现在外环改用折板,索网改成上下左右交叉布置。

图3-19 悬索结构的建筑造型(二)(单位:mm)
(a) 北京工人体育馆;(b) 美国汉普敦体育馆

3) 悬索结构的建筑造型

悬索结构的造型与薄壳结构一样是以几何曲面图形为特征，但也有其自身的特点。主要表现在两个方面：一是悬索只能受拉不能受压，外形大多呈凹曲面，而薄壳结构是用钢筋混凝土建造成的，外形以拱曲面、抛物线曲面和球形曲面居多；二是悬索结构是由两种不同材料的构件组成，即钢索网和钢筋混凝土边缘构件，索网的曲面形式多样，边缘构件的形式各异，只要变动其中一种，就能创造出与基本形式截然不同的造型。并且还可运用"交叉"、"并联"等手法改变某种基本形式的造型，所以悬索结构的建筑造型可说得上是丰富多彩，如图3-18、图3-19，它们的造型特点见图中各实例的说明。

3.1.8 膜结构及其建筑造型

膜结构是以性能优良的柔软织物为膜面材料，由空气压力支承膜面、或用柔性钢索或刚性骨架网索将膜材绷紧形成建筑空间的一种结构。具有现代意义的大跨度膜结构出现于1970年，距今不过30多年，但目前已广泛应用于国内外的各种大跨度建筑中。

膜结构的优点是重量轻、跨度大、施工方便、透光性和自洁性较好、建筑造型自由丰富等；其缺点是隔声效果较差、耐久性不够好（膜材的使用寿命一般为15～20年）、膜面抵抗局部荷载能力较弱等。

膜结构按其支承方式通常可以分为张拉式膜结构、骨架支承式膜结构、空气支承式膜结构三类。

1) 张拉膜结构

张拉膜结构是由膜材、拉索、支柱共同作用构成的。柔软的薄膜自身不能承受荷载，只有将它绷紧后才能受力，所以这种结构只能承受拉力，而且在任何情况下都必须保持受拉状态，否则就会失去稳定性。

张拉薄膜的主要优点是：轻巧柔软、透明度高、采光好、省材料、构造简单、安装快速、便于拆迁、外形千姿百态。这种结构易出现的弊病是抗风能力差而易失去稳定，设计时必须合理选择拉索的支点、曲率和预应力值。

这种结构适用于各种建筑平面，主要用于临时性或半永久性建筑，如供短期使用的博览会建筑、体育建筑、文娱演出建筑和进行其他活动的临时性建筑。

(1) 张拉薄膜结构的设计要点

- 薄膜面料应选择轻质、高强、耐高温和低温、防火性好、具有一定透明度的材料，例如各种合成纤维织物、玻璃纤维织物、金属纤维织物，并在这些织物的表面敷以各种涂层。
- 为了提高帐篷薄膜的抗风能力和保持其形状，拉索的布置应使薄膜表面呈方向相反的双曲面，而且对拉索施加适当的预应力，以保证在来自任何方向的风力作用下都不会出现松弛现象。
- 应布置足够的拉索，使薄膜表面形成连续的曲面而不是多棱曲面，并使表面有足够的坡度，避免积存雨雪。
- 尽可能地减少室内的撑杆或支架，以免妨碍内部空间的使用。

(2) 张拉膜结构的建筑造型

张拉膜结构只有在受拉紧绷的状态下才能保持结构的稳定，因此建筑物的形体全部由双曲面构成，形体随撑杆的数目和位置、索网牵引和锚固的方向、部位等因素而变化。建筑造型灵活自由，完全可以按设计者的意图构图。1967年建造的蒙特利尔博览会德国馆、1972年建造的慕尼黑奥运会体育中心、1985年日本筑波博览会的美国馆和日本电力馆都是著名张拉膜建筑实例，如图3-20、图3-21所示。

该馆采用张拉薄膜结构，它的8根撑杆全部设在建筑物内部。沿建筑物四周把悬挂在撑杆上的索网与篷布紧绷于基地上，形成一个自由灵活的空间。

图3-20 张拉薄膜结构的建筑造型
蒙特利尔博览会德国馆

游泳馆1971年建成，是该体育中心的一项单体建筑，为了把这一地区建成一座幽雅宜人的体育公园，使巨大的体育建筑变得更接近人的尺度，游泳馆和其他主要建筑物都设计成帐篷薄膜屋顶。撑杆布置在建筑物的外面，通过它把丙烯塑料玻璃薄膜和索网绷紧锚固在基地上，盖住游泳馆的比赛场地和看台，从而起到防雨遮阳的作用。游泳馆的外墙采用玻璃幕墙。

图3-21 慕尼黑奥运会体育中心

2) 骨架支承膜结构

骨架支承膜结构是指以刚性骨架为承重结构，在骨架上敷设张紧膜材的结构形式。常见的骨架有桁架、拱、网架、网壳等。

在这种结构形式中，膜材仅作为表皮材料使用，起到围护和造型的作用。故而设计、制作都较为简单，造价相对较低，也具有一定的造型效果，如图3-22所示。

但这类结构中膜材自身的结构承载作用不能得到充分发挥，结构的跨度及造型也受到支承骨架的一定限制。

3) 空气支承膜结构及其建筑造型

(1) 受力特点、优缺点和适用范围

这种结构是利用薄膜材料制成气囊，充气后形成建筑空间，并承受外力，故又称为充气薄膜结构。它在任何情况下都必须处于受拉状态才能保存结构的稳定，所以它总是以曲线和曲面来构成自己的独特外形。

充气薄膜结构兼有承重和维护双重功能，故大大简化了建筑构造。薄膜充气后均匀受拉，能充分发挥材料的力学性能，省材料，加之薄膜本身很轻，因而可以覆盖巨大的空间。这种结构的造型美观，且能适用于各种形状的平面。薄膜材

图 3-22 上海 8 万人体育场
（屋盖为骨架支承的膜结构，覆盖面积达到 36000m²）

料的透明度高，即使跨度很大的建筑不设天窗也能满足采光要求。

由于充气薄膜结构具有上述优点，一些国家在最近 40 年已先后建成充气结构的体育馆、展览馆、餐厅、医院等多种类型的建筑，而且特别适合于防震救灾等临时性建筑和永久性建筑。

（2）充气薄膜结构的形式

充气薄膜结构分为气承式和气肋式两种。

- 气承式充气薄膜结构

依靠鼓风机不断向气囊内送气，只要略保持正压就可维持其体形。若遇大风时，可打开备用鼓风机补送充气量，升高气囊内气压使之与风力平衡。为了维持气压，室内需要保持密闭。

- 气肋式充气薄膜结构

图 3-23 充气薄膜结构

以密闭的充气薄膜做成肋，并达到足够的刚度以便承重，然后在各气肋的外面再敷设薄膜作维护，形成一定的建筑空间。

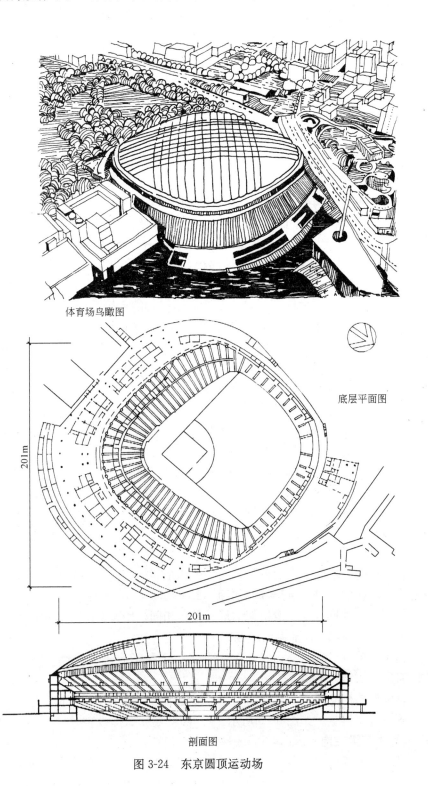

体育场鸟瞰图

底层平面图

剖面图

图 3-24　东京圆顶运动场

气肋式充气薄膜结构属于高压充气，气肋的竖直部分受压，而横向部分受弯，故气囊的受力不均匀，不能充分发挥薄膜材料的力学性能，而气承式薄膜结构则属于低压充气，薄膜基本上是均匀受力，可充分发挥材料的力学性能，室内也无需保持密闭，故气承式充气薄膜结构应用较广。

除上述两种充气结构以外，还可将充气薄膜结构与网索结合起来运用，这样可增大结构的跨度，提高结构的稳定性和抗风能力。

（3）充气薄膜结构的建筑造型

充气薄膜结构与张拉膜结构一样都是在绷紧受拉的状态下才能使结构保持稳定。张拉膜结构是靠撑杆和网索将薄膜张拉成型，而充气结构则是靠压缩空气注入气囊中将薄膜鼓胀成型，其建筑形体主要由向外凸出的双曲面构成，充气薄膜的建筑造型随建筑平面形状和固定薄膜的边缘构件形式等因素而变化。

目前，世界各国都在探讨应用充气薄膜结构，1970年的日本大阪世博会富士馆由16根直径为4m的气囊围合而成，最大跨度为50m，造型独特，是气囊式膜结构建筑的代表作之一，如图3-23所示。

日本1988年建成的东京圆顶运动场，采用气承式充气薄膜结构。其功能大厅主要用作棒球场，也可进行其他体育比赛和各种演出活动，能容纳观众5万人。充气结构的屋顶为椭圆形，边长180m，对角线为201m×201m。采用双层聚四氟乙烯玻璃纤维布制成，外膜厚度0.8mm，内膜厚度0.35mm。薄膜用28根直径为80mm的钢索双向正交布置，每个方向各14根，间距8.5m。屋顶面积为2.8万m^2，屋顶总质量（重）1060kN，平均仅为125N/m^2。室内容积124万m^3，使用时通过三台送风机向薄膜内充压缩空气，内压维持在4～12kPa，最大送风力达360 m^3/h，保证屋顶在任何情况下都使薄膜圆屋顶不变形。薄膜为乳白色，透光性强，白天进行体育比赛时，室内可以不用照明，如图3-24所示。

3.1.9 其他大跨度结构

除了上述几类大跨度结构外，还有组合网架结构、预应力网格结构、管桁结构、张弦梁结构等。前两种结构形式均可视为网格结构的改进型，以下仅就后两种结构形式进行介绍。

1）管桁结构

管桁结构为平面或空间桁架，与一般的金属桁架的不同之处在于节点处采用杆件直接焊接的相贯节点连接。如图3-25所示。

管桁结构的形式与一般桁架的形式基本相同，其优点在于：

节点形式简单，外形简洁流畅；

施工简单，节省材料；

有助于防锈与清洁。

管桁架结构的视觉效果简洁流畅，造型丰富，适用于体育馆、航站楼、展览中心等大跨度建筑。如图3-26所示。

2）张弦梁结构

是近年来发展起来的一种预应力大跨度结构，它由承受弯矩和压力的上弦

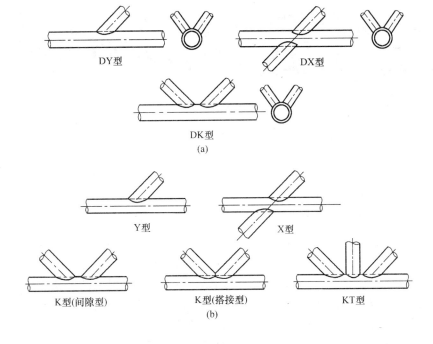

图 3-25 管桁结构
(a) 多平面管节点形式；(b) 单平面管节点形式

图 3-26 重庆武警总队训练馆
(采用管桁架拱结构，跨度 60m)

梁、拱或桁架，下弦拉索及连接两者的撑杆组成，如图 3-27 所示。

这种结构从其受力特点来看可分为平面张弦梁结构和空间张弦梁结构两类。

张弦梁结构的受力性能较好，外形简洁，富于表现力，为建筑师们所乐于采用。

图 3-27 所示为上海浦东国际机场的张弦梁屋盖，其最大跨度为 82.6m。

图 3-27　上海浦东国际机场候机楼

(采用张弦屋架梁，跨度达 82.6m)

3.2　大跨度建筑的屋顶构造

3.2.1　设计要求与构造组成

1) 设计要求

大跨度建筑的屋顶设计和其他屋顶一样都要求防水、保温、隔热，但大跨度建筑大多数为大型公共建筑，使用年限长，屋顶应具有更好的防水保温隔热性能，而且都是人群大量聚集的场所，防火安全要求更高，屋顶应有足够的耐火极限，以保证在火灾时的安全疏散。同时应特别注意减轻屋顶自重，选用轻质高强和耐久的材料和构造做法。在这类公共建筑中，屋顶的造型要求更高，应从屋顶形式、色彩、质感和细部处理等方面加以周密的考虑。另外，大跨度建筑的规模宏大，施工周期长，屋顶设计应为加快施工速度创造条件，贯彻标准化、定型化的设计原则。总之，大跨度建筑的屋顶设计应综合考虑建筑防水、建筑热工、材料选择、构造做法、建筑施工、建筑防火、建筑艺术等因素的影响，尽可能作到适用、安全、经济、美观。

2) 屋顶构造组成

大跨度建筑的屋顶由承重结构、屋面基层、保温隔热层、屋面面层等组成。承重结构的类型已在本章第一节中论述。屋面基层分为有檩方案和无檩方案，前者是在屋顶承重结构上先搁檩条，然后在檩条上再搁搁栅和屋面板，如图 3-28 (a) 所示；后者则是在屋顶承重结构上直接搁屋面板而无檩条，如图 3-28 (b) 所示。屋顶保温隔热层根据具体工程设计进行处理，可设在屋面板上，或悬挂于搁栅之下，或置于吊顶棚之上。屋面面层有卷材面层、涂料面层、金属瓦面层、彩色压型钢板面层等。

当采用薄壳结构、折板结构作屋顶承重结构时，不需要设屋面板。用充气薄膜结构和帐篷薄膜结构作屋顶时，不需要另设屋面基层和防水面层，因这类结构具有承重、围护、防水等多重功能。

3.2.2　橡胶卷材防水屋面

1) 橡胶卷材屋面的优缺点和适用范围

卷材分为两大类，即油毡卷材和橡胶卷材。油毡卷材价格便宜，但质量较差，使用年限短，多用于大量性建筑。橡胶卷材是 20 世纪 70～80 年代才发展起来的新产品，使用年限长，但成本较高，多用于质量要求较高的建筑，如大型公

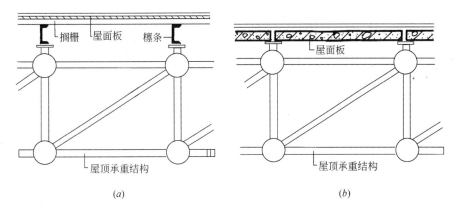

图 3-28 屋顶构造组成
(a) 有檩方案；(b) 无檩方案

共建筑、高层建筑等。油毡屋面构造已在本书上册论述，这里着重介绍橡胶卷材屋面。

橡胶卷材品种较多，其中三元乙丙橡胶卷材质量较好，应用较广。这种屋面的主要优点是耐气候性好，在-40～80℃范围内不会出现像油毡屋面那样在低温状态下冷脆开裂和高温状态下发生沥青流淌等质量事故；其抗拉强度超过 7.5MPa，延伸率在 450% 以上。因此屋面基层即使出现微小变形，三元乙丙橡胶卷材屋面也不致被拉裂，而且这种屋面只需铺一层就能达到防水要求，并且是在常温状态下施工，比油毡屋面的施工简单。当然，这种屋面造价偏高，约比油毡屋面高出 4～5 倍的费用，目前还不能在大量性建筑中推广应用。但这种屋面的使用年限较长，一般在 30 年以上，而油毡屋面的平均使用年限为 5 年。因此，从综合效益上看，采用橡胶卷材屋面还是合算的。

2）橡胶卷材屋面构造

三元乙丙橡胶卷材屋面的构造做法比较简单，对屋面基层要求与油毡屋面相同。橡胶卷材宽 1m，长 20m，一般用 CX404 胶作胶粘剂，需在基层和卷材的背面同时涂胶。卷材拼接处搭接宽度至少 100mm，并用硫化性丁基橡胶作胶粘剂。橡胶卷材屋面的保护层可采用银色着色剂，反射阳光的性能好，可防止橡胶卷材过早老化。

图 3-29 为北京国际俱乐部的屋面构造详图。建于 20 世纪 70 年代，当时采用油毡卷材防水屋面，因质量差造成漏水，80 年代改成三元乙丙橡胶卷材屋面，屋顶承重结构为平板网架，基层为加气混凝土屋面板，卷材防水层表面涂银色着色剂保护层。

3.2.3 涂膜防水屋面

1）涂膜防水屋面的优缺点和适用范围

涂膜防水屋面的基本原理是以防水涂料涂布于屋面基层，在其表面形成一层不透水的薄膜，以达到屋面防水的目的。这种屋面的主要优点是常温状态下施工，操作简便；可以在任意的曲面和任何复杂形状的屋顶表面进行涂布；不会出现油毡屋面低温脆裂、高温流淌等弊病；使用寿命较长，约在 10 年左右；屋面自重轻，仅 30N/m² 左右。

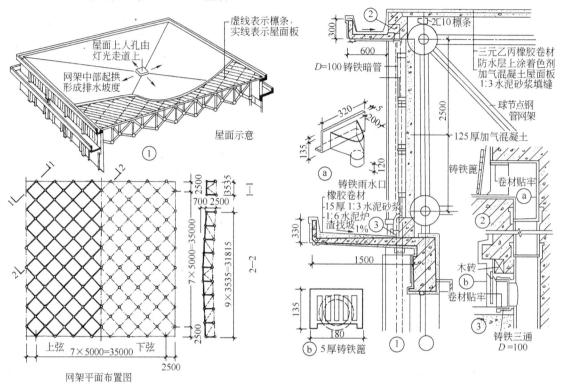

图 3-29 北京国际俱乐部橡胶卷材屋面构造（单位：mm）

在大跨度建筑中，涂膜防水屋面可用于钢筋混凝土薄壳屋顶、拱屋顶，以及用钢筋混凝土屋面板作基层的其他结构形式的屋顶。

2）涂膜防水屋面材料

我国常用的屋面防水涂料有溶剂型和水乳型再生橡胶沥青涂料、石棉乳化沥青涂料、氯丁胶乳沥青涂料、聚氨酯涂料、氯磺化聚乙烯涂料等。其中，以再生橡胶沥青涂料、氯丁胶乳沥青涂料的产量较大，使用较广。这些涂料中大部分需用一层或数层玻璃丝布作增强材料，涂刷数度待涂料成膜后便形成屋面防水层。但也有些防水涂料加玻璃丝布后，反而降低了防水层的抗裂性能，例如聚氨酯防水涂料就是如此。这种涂料的一个突出优点是在低温状态下的延伸率大大高于其他防水涂料，而玻璃丝布的低温抗裂性能却很差，若在防水层中夹入玻璃丝布，不但不能充分发挥聚氨酯防水涂料的这一优势，反而会降低涂膜的抗裂性，使屋面开裂漏水。

下面分为有玻璃丝布和无玻璃丝布两种涂膜防水屋面作介绍。

3）铺有玻璃丝布的涂膜防水屋面构造做法

对于抗拉强度和延伸率不太高的防水涂料，需要在涂膜中加铺玻璃丝布，以提高防水层的抗裂性。这类涂料有再生橡胶沥青涂料、氯丁胶乳沥青涂料、氯磺化聚乙烯涂料等。其构造要点如下：

(1) 基层处理

基层的质量好坏对防水层的耐久性影响很大，在强度低、凹凸不平的基层上涂刷防水涂料和铺贴玻璃丝布容易造成折皱、起鼓现象，还会多费材料，故必须对基层进行严格处理。

当基层为现浇混凝土整体屋面板时，其表面很平整，可不必作找平层；若有局部凹凸不平时，可用聚合物水泥砂浆局部补平后再作防水层。

当基层为预制混凝土屋面板时，必须用1∶2.5（或1∶3）水泥砂浆作找平层，厚度不小于20mm，且阴角部位应作光滑的圆弧或八字坡。凡屋面基层容易开裂的部位，如屋脊、预制屋面板端缝处，应在找平层中预留分格缝，用防水油膏嵌缝，并在其上表面铺一条玻璃丝布作加强层。

(2) 防水层

防水层的厚度和玻璃丝布层数应根据工程的重要性、防水涂料性能、防水层所处的具体部位等因素确定。一般来说，玻璃丝布层数愈多，涂层愈厚，抵抗基层裂缝的能力愈强。但也同时增加了玻璃丝布的接头数目，容易出现布头张"嘴"，粘贴不牢的现象。

屋面防水层的做法通常有：一布三涂、二布四涂、二布六涂等几种，容易漏水的特殊部位应增加玻璃丝布层数，如阴阳角、天沟、雨水口、泛水、贯穿屋面的设备管道的根部等部位都应附加1～2层玻璃丝布。

为了保证屋面排水顺畅，屋面坡度不应小于3%，但也不宜大于25%，以免玻璃丝布滑移起折皱。

(3) 保护层

不上人的屋面，保护层一般以同类的防水涂料为基料，加入适量的颜色或银粉作为着色保护涂料。也可以在铺好防水涂料趁未干之前均匀撒上细黄沙，或石英砂，或云母粉之类的材料作保护层。

上人屋面的保护层应按地面来设计。根据具体使用功能，保护层可铺成地砖或混凝土板等。

图3-30为铺有玻璃丝布的涂膜防水屋面的各种做法。

4) 不铺玻璃丝布的涂膜防水屋面构造

抗拉强度和延伸率大的防水涂料不宜用玻璃丝布作加强层，例如聚氨酯防水涂膜屋面即属于这类屋面。

聚氨酯涂膜防水屋面比其他涂膜防水屋面的弹性好，抗裂性强，由于不加铺玻璃丝布，在形状复杂的屋面上施工非常方便，尤其是防水的收头处容易达到封闭严密，不会发生张嘴现象。这种屋面的造价比其他涂膜防水屋面偏高一些，但从综合效果看还是比较好的。

这种屋面对基层和保护层的构造要点与其他涂膜防水屋面相同，防水层的做法要求则不同。

从市场上购进的聚氨酯防水涂料分为甲、乙两种涂料，施工时按1∶1.5（甲质量∶乙质量）比例配合搅拌均匀，用塑料或橡皮刮板分作两层进行涂刮。

第二层应在第一层涂膜固化24h后才能进行。防水层厚度以1.5mm左右为宜，涂量为1.5kg/m²。

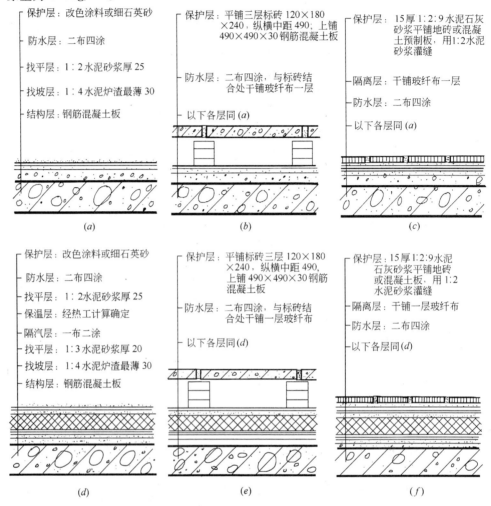

图3-30 涂膜防水屋面构造做法（单位：mm）
(a) 不上人不保温做法；(b) 不上人不保温有隔热层做法；(c) 上人不保温做法；
(d) 不上人保温做法；(e) 不上人保温隔热做法；(f) 上人保温做法

5）涂膜防水屋面的细部构造

以上两类涂膜防水屋面的细部构造大同小异，现以铺有玻璃丝布的涂膜防水屋面为例介绍各部位的细部做法。

（1）泛水

凡与屋面相贯的墙体、管道等均须将防水层延伸铺到墙上或管道四周的根部。泛水高度一般为200～300mm。为了使玻璃丝布贴得牢固，凡阴角处都要用水泥砂浆抹成圆弧形或八字坡。泛水的收头不必像油毡屋面那样加以固定，因涂膜防水层的粘结力强，收头处不容易张嘴脱落。如图3-31(a)、(b)、(c)所示。

（2）水落口

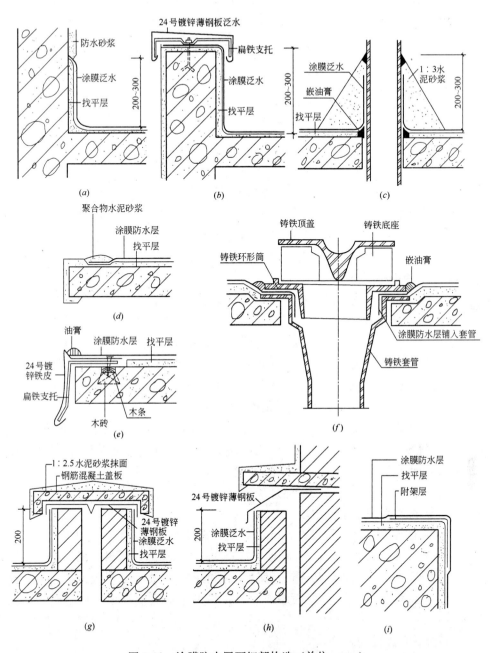

图3-31 涂膜防水屋面细部构造（单位：mm）

(a) 泛水（一）；(b) 泛水（二）；(c) 管道穿屋面；(d) 檐口（一）；(e) 檐口（二）；
(f) 水落口；(g) 横向变形缝；(h) 高低跨度形缝；(i) 阳角构造

水落口周围的基层应呈杯形凹坑，使积水易排入雨水口中。玻璃丝布应剪成莲花瓣形，交错密实地贴进杯口下部的雨水套管中至少80cm，如图3-31（f）所示。

（3）挑檐口

挑檐口处应做好防水层的收头处理，因为在大风时檐口首当其冲，收头处的防水层容易被风掀开。图3-31（d）、（e）是挑檐口的两种做法，图3-31（d）是简易做法，图3-31（e）增加了薄钢板滴水，做法更考究一些。

（4）变形缝

横向变形缝处下部结构应设双墙或双柱，屋面板之间的间隙20～30mm，变形缝两侧的泛水涂于高度不低于200mm的附加墙上，如图3-31（g）所示。高低跨变形缝两侧也应设双墙或双柱，变形缝间隙大小按沉降缝或抗震缝的有关规定确定，低跨一侧的泛水涂于附加墙上，如图3-31（h）所示。

3.2.4 金属瓦屋面

金属瓦屋面是用镀锌薄钢板瓦或铝合金瓦作防水层的一种屋面。最早的金属瓦屋面是18世纪国外出现的瓦楞铁屋面，随后传入我国，瓦楞铁屋面的防腐蚀性能差，维修工作量大，故未能广泛应用。直到20世纪30年代发明了镀锌法后，金属瓦屋面的防腐蚀问题才得到解决，解放后我国在20世纪60～70年代修建的一批大型公共建筑中采用了镀锌薄钢板瓦屋面和铝合金瓦屋面。

1）金属瓦屋面的优缺点和适用范围

金属瓦屋面的主要优点是：屋面自重轻，仅$100N/m^2$，有利于减轻大跨度建筑的屋顶荷载；屋面防水性能好，据有关资料统计表明，其使用年限可达30年以上。其缺点是瓦材拼缝多，费工费时，造价偏高。但用于大型公共建筑，特别是大跨度建筑，其综合效益会明显地优于其他屋面。

2）金属瓦屋面的构造层次

金属瓦的厚度很薄（厚度在1mm以下），铺设这样薄的瓦材必须用钉子固定在木望板上，木望板则支承在檩条上。为了防止雨水渗漏，瓦材下面宜干铺一层油毡。表3-2为我国几幢公共建筑金属瓦屋面的构造层次。瓦材表面须进行防腐蚀处理，先涂防锈漆，再涂罩面漆或涂料。当采用木望板则须进行防腐和防火处理。

3）金属瓦屋面的划分

为了便于施工，按图剪裁和安装金属瓦，在施工图设计阶段，应绘出金属瓦屋面划分图。

图上应反映出瓦材的大小和形状、竖缝和横缝的位置、屋脊和天沟的位置等。在屋顶的同一坡面，瓦材的大小应适当，一般来说，尺寸愈大，接缝愈少，安装速度快；反之，接缝增多，施工慢，但太大的瓦材，运输和安装都不方便。通常瓦材的最大尺寸不宜超过2m。图3-32为几种典型平面的金属瓦屋面划分示意图。

金属瓦屋面构造层次（单位：mm） 表3-2

首都体育馆	上海体育馆	杭州候机楼	浙江人民体育馆	上海马戏场	江苏体育馆
0.6厚铝合金瓦（里、外面刷锌黄防水漆一道，外面另刷调合漆二道），二毡三油（底油花洒），18厚木望板	0.8厚铝合金瓦（双面刷特制防腐蚀涂料），干铺油毡一层，18厚木望板	24号镀锌薄钢板瓦（刷大桥漆），干铺油毡一层，20厚木望板	26号镀锌薄钢板瓦（锌黄底漆，调合漆面），干铺油毡一层，20厚木望板	24号镀锌薄钢板瓦（锌黄底漆，调合漆面），干铺油毡一层，20厚木望板	24号镀锌薄钢板瓦（磷化底漆，锌黄环氧底漆，醇酸磁漆面），二毡三油（底油花洒），20厚木望板

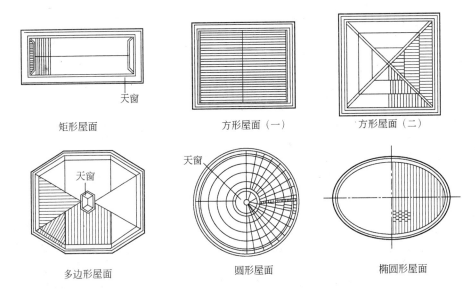

图3-32 金属瓦屋面划分示意图

4）金属瓦的拼缝形式

金属瓦与金属瓦间的拼缝连接方式通常采取相互交搭卷折成咬口缝，以避免雨水从缝中渗漏。平行于屋面水流方向的竖缝宜作成立咬口缝，如图3-33（a）、（b）、（c）所示。但上下两排瓦的竖缝应彼此错开，垂直于屋面水流方向的横缝应采用平咬口缝，如图3-33（e）、（f）所示。平咬口缝又分为单平咬口缝和双平咬口缝，后者的防水效果优于前者，当屋面坡度小于或等于30%时，应采取双平咬口缝，大于30%时可采用单平咬口缝。为了使立咬口缝能竖直起来，先应在木望板上钉铁支脚，然后将金属瓦的边折卷固定在铁支脚上，采用铝合金瓦时，支脚和螺钉均应改用铝制品，以免产生电化腐蚀。

所有的金属瓦必须相互连通导电，并与避雷针或避雷带连接。

5）特殊部位的构造

金属瓦屋面的特殊部位如泛水、天沟、斜沟、檐口、水落口等应尽量做到不

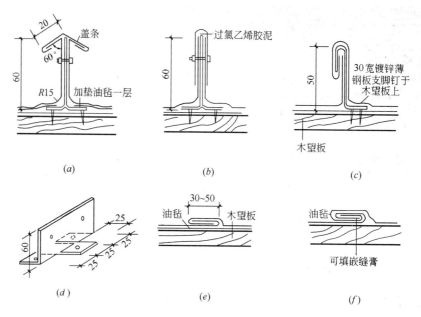

图 3-33 金属瓦屋面瓦材拼缝形式（单位：mm）
(a) 立咬口缝（一）；(b) 立咬口缝（二）；(c) 立咬口缝（三）；
(d) 支脚；(e) 单平咬口缝；(f) 双平咬口缝

渗漏雨水，金属瓦转折处应尽量采用折叠成型，力求减少剪开。

(1) 泛水

凡瓦材与突出屋面的墙体相接处，应将瓦材向上弯起，收头处用钉子钉在预埋木砖上。木砖位于立墙的槽口内，用嵌缝油膏将槽口封严。泛水高度为 150~200mm。

(2) 天沟与斜沟

天沟与斜沟内的金属瓦材接缝、天沟（或斜沟）瓦材与坡面瓦材的接缝，均宜采用双平咬口缝，并用油灰或嵌缝油膏嵌封严密。

(3) 檐口

无组织排水的屋面，檐口瓦材应挑出墙面约 200mm，檐口瓦材折卷在 T 形铁上（T 形铁间距不大于 700mm，可参考涂膜防水屋面檐口构造）。

(4) 水落口

水落口处应将金属瓦向下弯折，铺入水落口的套管中。

6）金属瓦屋面构造实例

上海体育馆采用铝合金瓦屋面、承重结构为平板网架，屋面基层为木搁栅木望板，防水层为 0.8mm 厚的铝合金瓦，玻璃丝棉作保温层，如图 3-34 所示。

浙江省体育馆采用镀锌薄钢板瓦屋面，承重结构为鞍形悬索结构，屋面基层为木搁栅木望板，用 26 号镀锌薄钢板瓦作防水层，在木丝板吊顶棚上铺玻璃棉保温层，如图 3-35 所示。

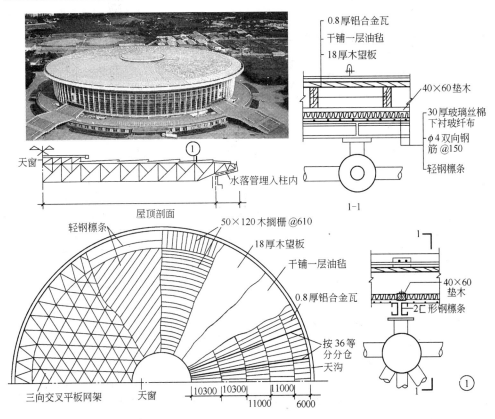

图 3-34 铝合金瓦屋面构造实例（上海体育馆）（单位：mm）

3.2.5 彩色压型钢板屋面

20世纪30年代，随着连续镀锌法的发明，特别是美国成功地在金属板表面采用涂料层压法后，研制出一种防腐蚀性很高的金属板材——彩色压型钢板（简称彩板）。彩板的问世，很快便传播到欧洲、日本等世界各地，广泛用于船舶、车辆、家电产品，而最多的则是用于建筑工业，用来制作墙板、屋面板、各种饰面板。目前我国已大量采用各种彩色压型钢板作为屋面及墙面材料。

1) 彩板屋面的优缺点和适用范围

彩板屋面具有下列突出优点：

（1）轻质高强。单层彩板的自重仅 $50 \sim 100 N/m^2$，保温夹芯彩板的自重也只有 $100 \sim 120 N/m^2$，比起传统的钢筋混凝土屋面板轻得多，对减轻建筑物自重，尤其是减轻大跨度建筑屋顶的自重具有重要意义。

（2）施工安装方便、速度快。彩板的连接主要采用螺栓连接，不受季节气候影响，在寒冷气候下施工有其优越性。

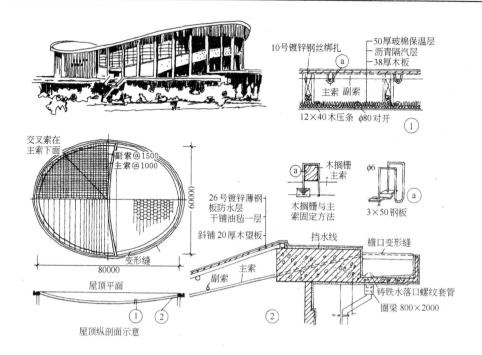

浙江省体育馆为椭圆形平面，长轴80m，短轴60m。容纳观众5000人。屋顶采用鞍形悬索结构，屋面为镀锌钢板瓦屋面。先在悬索上安放木搁栅，然后在搁栅上依次铺木望板、油毡、镀锌钢板瓦。木丝板吊顶悬吊于悬索下面，玻璃丝棉保温层搁置在木丝板吊顶上。

图 3-35　镀锌薄钢板瓦屋面构造实例（浙江体育馆）（单位：mm）

(3) 彩板色彩绚丽，质感强，大大增强了建筑造型的艺术效果。

彩板用于建筑的时间毕竟还很短，产品的质量有待于进一步改进。彩板屋面的造价较高，这也是影响它推广的原因之一。

彩板屋面特别适合于大跨度建筑和高层建筑，对于减轻建筑物和屋面自重具有明显效果。如果在钢结构建筑中采用彩板作屋面和墙面，不但会进一步减轻建筑物自重，而且可以加快建筑安装速度。在地震区和软土地基上采用彩板作围护结构特别有利。

彩板除用于平直坡面的屋顶外，还可根据建筑造型与结构形式的需要，在曲面屋顶上使用，例如拱屋顶、悬索屋顶、薄壳屋顶、曲面网架屋顶等都带有曲面坡度。当在这类屋顶上作彩板屋面时，曲面的最小曲率半径应与彩板的波高相适应。日本在这方面所作的规定见表3-3。

彩板波高与曲面屋顶最小曲率半径的关系　　　表 3-3

波高（mm）	<100	100～150	150～175	>175
最小曲率半径（m）	100	125	200	250

2) 彩板的品种与规格

彩板以 0.4～1.0mm 的薄钢板为基料，表面经过镀锌、涂饰面层、辊压成各种凹凸断面的型材。镀锌是增强表面的防腐蚀性，涂饰面涂料则是进一步作防腐蚀处理和使板材获得各种色彩和质感。彩板的质量很大程度上取决于饰面涂料的质量。当采用醇酸一类比较价廉的涂料时，彩板的耐久年限约为7～10年（超过此年限需要进行复涂，可保持其防腐蚀性）；当采用聚酯和硅聚酯一类中等饰面涂料时，耐久年限可达12年以上，当采用聚氟乙烯高级饰面层时，耐久年限达到20～30年，若再加一层硅聚酯罩光层可提高至30～40年。

根据彩板的功能分为单层彩板和保温夹芯彩板。单层彩板只有一层薄钢板，用它作屋面时，必须在室内一侧另设保温层。保温夹芯彩板由上下两层彩板中间填充泡沫塑料做成复合板，具有防水、保温、饰面多种功能，不需要另设保温层，对简化屋面构造和加快施工安装速度有利。我国生产的夹芯彩板用聚氨酯硬质泡沫塑料作填充层。

根据彩板断面形式不同，可分为波形板、梯形板和带肋梯形板等，见表3-4。波形板和梯形板是第一代产品。板材的力学性能不够理想，材料用量较浪费。纵向带肋梯形板是在普通梯形板的上下翼和腹板上增加纵向凹凸槽，起加劲肋的作用，提高了彩板的强度和刚度，属于第二代产品。纵横向带肋梯形板，在纵横两个方向都有加劲肋，强度和刚度更好，属于第三代产品。

彩板断面形式　　　　　　　　　　　　　　　　表3-4

板　　型	断面形式	代别
波　形　板		第一代产品
梯　形　板		第一代产品
纵向带肋梯形板		第二代产品
纵横向带肋梯形板		第三代产品

彩色压型钢板的规格受原材料和运输等因素的影响。其宽度受薄钢板宽度的限制，一般在500～1500mm范围，其长度受运输条件的限制，不能太长，见表3-5，我国最长的彩板为12m。有的国家将辊轧机安置在施工现场，把压型工序在现场完成，不受运输限制，只要起吊安装方便，板材可以作得更长。有的国家已做到70m以上，屋面板长度方向没有接头，对防水有利。

3) 彩板屋面的连接与接缝构造

彩板屋面大多将屋面板（指彩色压型钢板，下同）直接支承于檩条上，一般为槽钢、工字钢或轻钢檩条，檩条间距视屋面板型号而定，一般为1.5～3.0m。

屋面板的坡度大小与降雨量、板型、接缝方式有关，一般不宜小于3°。

我国部分彩板规格（单位：mm）　　　　　　表 3-5

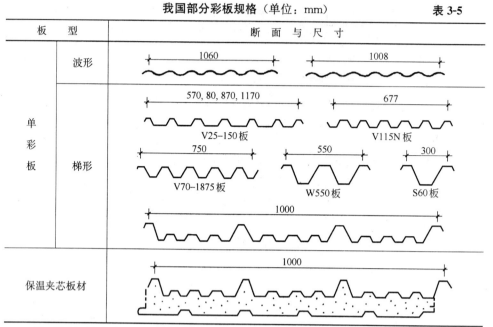

屋面板与檩条的连接采用各种螺钉、螺栓等紧固件，把屋面板固定在檩条上。螺钉一般钉在屋面板的波峰上。为了不使连接松动，当屋面板波高超过 35mm 时，屋面板先应连接在铁架上，铁架再与檩条相连接，如图 3-36（b）所示。连接螺钉必须用不锈钢制造，保证钉孔周围的屋面板不被腐蚀，钉帽均要用带橡胶垫的不锈钢垫圈，防止钉孔处渗水。

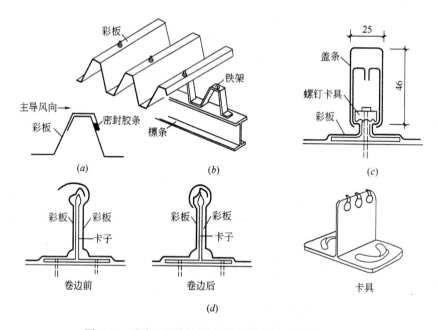

图 3-36　彩色压型钢板屋面的接缝构造（单位：mm）
（a）搭接缝；（b）彩板与檩条的连接；（c）卡扣缝；（d）卷边缝

屋面板的纵长方向（即水流方向）最好不出现接缝，有时坡面太长时，不得不把两块屋面板接起来时，其接头应安排在檩条处，上下屋面板应彼此重叠搭接起来，并用密封胶条嵌缝，采用一道密封胶条时，其搭接长度不小于100mm，采用两道密封胶条时，搭接长度为200~300mm，两道胶条相隔一定距离，故搭接长度需加长。两道胶条的接缝防水效果比一道胶条的好。

由于受屋面板宽度的限制（500~1500mm），压型钢板在宽度方向必然出现连接缝。接缝方法既要考虑防水密封性，又要照顾到安装方便和外表美观。通常有以下几种接缝方法：

（1）搭接缝

即左右两块屋面板在接缝处重叠起来，搭接宽度为板材一个波的大小。为了防止在搭接缝处出现爬水现象，应用密封胶条堵塞缝隙，如图3-36（a）所示。缝口应处于主导风向背风面，防止大风掀开缝口。

（2）卡扣缝

即在左右两块面板之间用特制的不锈钢卡子卡住屋面板，卡子则通过螺钉固定在檩条上（或木基层上），板与板之间的缝隙用薄钢板制的盖条盖住，如图3-36（c）所示。卡扣缝的连接原理是利用薄钢板型材的弹性，使盖条卡紧屋面板，施工安装很方便，螺钉暗藏在屋面板下，没有外露的钉眼，不受雨水的侵蚀，外表整洁美观，也不影响板材的热胀冷缩。

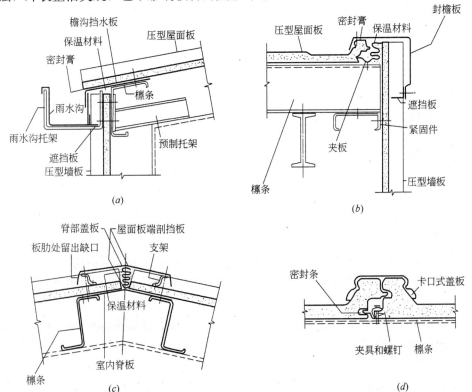

图3-37 保温夹芯彩板屋面细部构造
（a）檐口构造；（b）屋面与山墙交接处构造；（c）屋脊构造；（d）横向板缝构造

(3) 卷边缝

卷边缝是在屋面板横向接缝部位先安装固定屋面板用的卡子，然后将左右两块屋面板的边包卷在卡子上，并相互咬合，如图 3-36（d）所示。屋面板的咬合工序可以利用小型拼缝机来完成。卷边缝在屋面板上不需要钻孔，也没有钉眼，防水密封性好，也不影响板材的胀缩，外表挺直美观。

4）彩板屋面的细部构造

图 3-37 为美国某公司生产的保温夹芯彩板屋面的细部构造，包括檐口、屋脊、山墙、板缝连接等部位的标准做法详图。建筑的主体结构为钢柱钢梁，外围护结构全部为保温彩板，屋面板和外墙板分别固定在轻钢檩条和轻钢墙龙骨上。所用的螺钉、密封条、密封膏、零配件等均为该公司的配套产品。这种全钢结构的建筑，具有轻型、安装方便快捷、保温、造型美观等优点，可用于民用和工农业建筑。

3.3 中庭天窗设计

中庭是一个古老的概念，它的产生已有两千多年的历史。通常中庭作为一个宏伟的入口空间、中心庭院，并覆有透光的顶盖。这种全天候的公共聚集空间，在技术的带动下能够提供给现代建筑新的环境意义，并能较好地满足现代建筑的容身、庇护、经济以及文化需求，同时兼顾传统街区和生活方式。20 世纪 60 年代以来，中庭建筑得到了快速的推广和发展。

美国建筑师约翰·波特曼是众多建筑师中对中庭发展的探索作出卓越贡献的人。由于他 1967 年为亚特兰大海特公司所作的摄政旅馆，使海特公司为其引入了"中庭"这个名字，给予这一建筑形式以鲜明的标记，随之而来的商业上的成功使得世界旅馆业竞相效仿。同年，由凯文·罗西等人设计完成的纽约市的福特基金会总部大楼，将大型的广场和花园引入室内环境，中庭概念在办公建筑中也获得了成功。中庭作为"公共室内"空间在设计中日益受到重视。现在，无论在旅馆、购物中心、贸易中心、娱乐中心、办公楼、图书馆，还是在银行、博物馆、学校、医院、展览馆，甚至在住宅中都出现了中庭设计。中庭建筑在 20 世纪末期已成为一种普遍的建筑形式。

中庭是一个多功能空间，既是交通枢纽，又是人们交往活动的中心，因此它被称作为"共享大厅"。厅内常布置庭院、小岛、水景、绿色植物，要求有充足的自然光，也被称为"四季大厅"。由于它半室内半室外的空间环境性质，使得中庭的围护结构及围护组织方式有别于普通的建筑空间，对技术的实施提出了更多的要求。

本节针对具有大跨度空间的中庭建筑形式，重点介绍中庭的形式及设计要求、消防安全设计和天窗构造三个方面。

3.3.1 中庭的形式及设计要求

1）中庭的基本形式

根据中庭与周围建筑的相互位置关系，中庭可以采用单向中庭、双向中庭、三向中庭、四向中庭以及环绕建筑的中庭和贯穿建筑的条形中庭等基本形式（图 3-38），也可以将一种或几种基本形式加以组合，构成多种中庭形态。中庭形式的选用一般根据建筑规模的大小、建筑空间的组合方式、建筑基地的气候条件以及光热环境要求等因素确定。

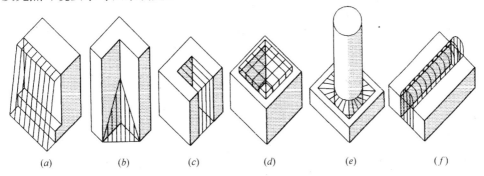

图 3-38 中庭的基本形式
(a) 单向中庭中庭一侧与建筑连接；(b) 双向中庭中庭两侧与建筑连接；
(c) 三向中庭中庭三侧与建筑连接；(d) 四向中庭中庭四面与建筑连接；
(e) 环绕中庭中庭环绕建筑连接；(f) 条形中庭中庭与建筑呈条状贯穿

2) 中庭的设计要求

中庭一方面是建筑内部有效的联系空间，同时又是室内外环境的缓冲空间，对建筑空间的整体节能、气候控制、自然采光、环境净化等各方面起作用，设计中应注重以下几方面的考虑。

（1）节能要求

作为半室内环境的中庭，是人工舒适环境与室外环境之间有效的缓冲空间。在一般情况下，人工环境的舒适度主要依赖于现代建筑技术及新材料的使用。人工环境中应避免依靠消耗非再生能源而达到舒适，应充分利用中庭所具有的气候缓冲作用，在设计中提倡在少费能源前提下提高室内环境舒适度。

中庭以庭院的形式减少了夏日的降温负荷，并且可以收集、储存冬日热能。中庭可以用最小的外表面来减少内部环境的温度变化要求，减少外墙体的热工损耗（图 3-39）。在日照时间允许的情况下，可以将中庭设置为有效的太阳能采集器，一方面利用中庭来收集太阳能使空气升温，并将中庭与强制通风、回风系统相结合；另一方面通过建筑物及中庭顶部的调节设备控制热量的交换。

作为赋有顶盖的内部庭院，中庭使建筑平面有一部分空间可以利用顶部采光，解决较大进深平面常有的内部自然采光问题，与相同面积、通过外侧墙采光的建筑相比，减少了外围护结构的面积和热量交换，从而节省了热能。如果全部内向的房间只利用有顶盖的庭院采光，并把庭院的尺度控制在最小范围内，则会使取暖和照明只具有很低的能源需要。中庭带来的大进深和开敞式平面，使建筑设计中可以综合运用储能技术，对节能做出新的考虑。

（2）采光要求

尽量在室内利用自然光照明是节能的要求之一。中庭在大进深布局的建筑平

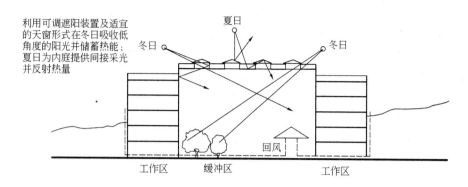

图 3-39 中庭缓冲空间示意

面中起到采光口的作用,使大进深建筑的平面最远处有可能获得足够的自然光线。这一效果的实现依赖于采光方式和透光材料的选择以及适宜的构造技术措施三方面,在以后的内容中将加以论述。

作为正常的工作、生活环境,光环境由环境光和工作光两部分混合而成。环境光也称为背景光,一般情况下低于工作光的水平(1/2~2/3 较为理想),但是两者对比也不能太大。在某些工作空间(例如电子化的办公室里),由于工作处于半照明状态,背景光变成主导地位,通过中庭获得间接光可以提供较大的舒适度。采光设计可以将自然光与人工采光结合,以取得良好的照明效果。

在利用天窗采光的中庭建筑中,庭院本身的比例——长、宽、高之间的比例关系决定了庭院光照水平的变化程度。宽敞而低矮的中庭,地面获得的直射光数量多;窄而高的中庭,直射光的数量少。所以,天空越是不亮的地区,中庭越应设计得矮些、宽些,以便使底层获得足够的光线。图 3-40 说明中庭的室形指数与地面获得直射光数量的关系。

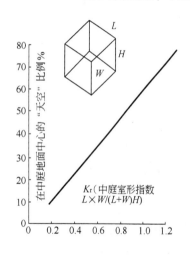

图 3-40 中庭的室形指数与地面直射光的关系

侧面反射对于中庭内部采光也具有重要的作用,要妥善地安排中庭各个墙面的反光性质。高反光的墙面能使中庭底层地面获得较多的光线,反之只能有极少的光反射到地面。中庭如果全部用玻璃墙或透空的走廊围合时,反射到地面的光线几乎为零,同时挑廊上的绿色布置也会极大地降低光线反射。逻辑上理想的反射模式是中庭内部各层的开窗位置不同,自下而上开窗面逐渐减少,形成一个从全玻璃窗到实墙的反射过渡,不过这样会导致中庭内景观设计的局限性。

由以上分析可知,中庭要获得良好的光环境,除了要设计好天窗本身外,还必须考虑中庭的空间尺度比例与四周墙面的反光性质、色彩深浅以及景观设计等多方面因素。

(3)气候控制要求

在不同类型及不同地区的建筑中,中庭可以具备不同的气候调节特性,使建筑物基地气候的影响与中庭的使用相结合。根据不同的设计要求,有采暖中庭、降温中庭和可调温中庭三种不同的处理方式。

• 采暖中庭：适用于常年寒冷气候较长的地区。如北欧国家，冬季严寒，春秋季阴冷，夏季短暂且气候反复无常。在建筑设计中，利用中庭尽量减少照明、制冷所需的耗电量，同时通过良好的绝热或周边能源的收集来降低采暖的能耗，以较低的基本能耗获取建筑使用所需的热量。

采暖中庭应能无阻碍地接受阳光，以使室内外能保持一定的温差，中庭内墙和地面应具备贮热能力，尤其是内墙面宜采用浅色调，使昼光反射热能而不是吸收热量，减缓有阳光直射时中庭周围房间内热量的聚集，并且在短暂的多云天气里，中庭内外的正温差可以使热量由中庭向周围房间散发，从而使建筑使用空间的温差波动减缓到最小；中庭的围护结构（即内墙与外壳）应具有较高的绝热性能，以减缓热量的传递。

• 降温中庭：使用于建筑内部要求保持不受高温、高湿以及强烈日晒影响的情况下。中庭对于建筑的室内使用空间起着空气的冷却和除湿的缓冲作用，通过中庭形成强制送、回风系统，为内部使用空间供应冷空气，同时通过夜间对内部空间及围护结构的冷却来减缓白天的热量积聚。

在降温的中庭中，一般应避免阳光对中庭的直射，避免东、西向开窗，在天空亮度充足的情况下，可以利用全遮阳、有色玻璃、篷布结构等处理方式避免无阻拦的直接昼光。降温中庭对于外围护结构的绝热性能要求不高，主要通过通风组织、遮阳和反射等方式进行防热处理。由于在炎热地区需避免昼光直射，顶部采光要求不高，中庭的较大屋顶面为利用太阳能装置提供了有利条件。

• 可调温中庭：在冬季起着采暖中庭的作用，夏季又要防止中庭内阳光直射带来的热量积聚，在不同季节分别具有采暖与降温的特性。

可调温中庭在设计中可以针对气候控制的可变性，按照气候与日照特点设置符合气候变化的固定的或可操控的遮阳装置，如遮阳板、遮阳帘、遮阳百叶等，以改变建筑围护结构的隔热性能。例如在冬天太阳高度角较小，夏季则太阳高度角较大，可以在设计中有计划地遮挡高度角较大的阳光，同时不影响冬季的基本日照需求。在不同的控制要求下，还可以通过对通风系统的操纵改变冬、夏季的气候控制特点。

在计算机辅助建筑设计中，有一些计算程序已经可以对一般传统尺度空间建立起有效的计算模型，以取得设计中各种参考因素的计算数值。随着计算机技术的发展，将会有完整的有关中庭热效能计算的模型来辅助建筑设计。

3.3.2 中庭的消防安全设计

中庭在火灾发生的情况下具有自身的特点：一方面，由于面向中庭的房间大多数都具有开启面，通过中庭串联的房间组成了一个天然无阻挡的空间，从而增加了火灾扩散的危险性，中庭的烟囱效应会使火焰及烟雾更容易向高处蔓延，会增加高处楼层扩散火灾的速度。另一方面，在安装了探测器和火控、烟控系统以后，中庭建筑能够有比较高的可见度和清晰的疏散通道，可以方便地发现和接近火源。美国国家消防协会认为，中庭空间具有巨大的空气体积，具有冷却火焰、稀释烟雾的非负面影响。所以，中庭的防灾性能具有两面性。因此，在中庭的设计中，必须对中庭加以严格的消防安全设计，设置合理的防火分区、疏散通道及防排烟设施。

(1) 中庭的防火分区

中庭建筑的防火分区不能只按中庭空间的水平投影面积计算。在一些大型公共建筑物中，由于采光顶所形成的共享空间是贯穿全楼或多层楼层，通常情况下，围绕中庭的建筑各层均有部分甚至全部面向中庭开敞，在无防火隔离措施的情况下，贯通的全部空间应作为一个区域对待。由此可能导致区域范围过大超过规范允许面积值，即使符合分区要求，也有可能因此提高设备的使用要求而增加相应的造价，因此应合理地计划防火分区。

根据中庭周围使用空间与中庭空间的联系情况，中庭有开敞式、屏蔽式及混合式等不同类型。在中庭周围大量使用空间全开敞的情况下，可以沿中庭回廊与使用空间之间设置防火卷帘和防火门窗，将楼层受中庭火势影响的空间控制在较小范围。

我国现行《高层民用建筑设计防火规范》GB 50045—95（2005年版）对高层建筑中庭的防火分区作了如下的规定：中庭防火分区面积应按上、下层连通的面积叠加计算，当超过一个防火分区时，应采取以下防火措施：

- 房间与中庭回廊相通的门窗应设自动关闭的乙级防火门窗；
- 与中庭相通的过厅通道，应设乙级防火门或耐火极限大于3h的防火卷帘门分隔；
- 中庭每层回廊应设有自动灭火系统；
- 中庭每层回廊应设火灾自动报警设备。

(2) 中庭的防排烟

在火灾情况下喷淋设备的作用是有限的。一般情况下，喷头之间最大允许防火范围的直径为3m左右，而喷淋使烟尘与清洁空气更快混合会加速空气的污染，因此必须使中庭空间能有效地排烟。中庭的排烟分为自然排烟和机械排烟两种方式：

- 自然排烟：不依靠机械设备，通过中庭上部开启窗口的自然通风方式排烟。
- 机械排烟：利用机械设备对建筑内部加压的方式使烟气排出室外。可以有两种途径——从中庭上部排烟或将烟通过中庭侧面的房间排出：

a. 在紧急情况下，当中庭内部不加压时，对安全楼层和有火源的楼层同时加压，烟气可以从中庭的上部排出，这时应保证火情在可控制的范围内，并且没有沿中庭蔓延的危险性。如果是内部开敞式中庭，应在设计中避免烟气进入上一楼层，如图3-41 (a) 所示。

b. 在紧急情况下，通过对安全楼层加压使烟气不能进入，这时当中庭可以封闭并且同时对中庭加压，使烟气从危险楼层直接向外部排出，如图3-41 (b) 所示。

我国现行《高层民用建筑设计防火规范》GB 50045—95（2005年版）对高

层建筑中庭的防排烟规定如下:
- 净空高度小于12m的室内中庭可采用自然排烟措施,其可开启的平开窗或高侧窗的面积不小于中庭面积的5%。
- 不具备自然排烟条件及净空高度超过12m的室内中庭设置机械排烟设施。

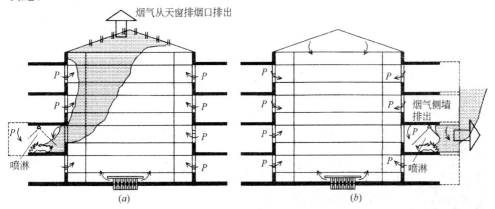

图3-41 中庭内部排烟

(a)为避免烟气进入上部楼层,可以将楼层与中庭空间隔离(利用有防火处理的隔断形成内部屏蔽的中庭),并通过其他楼层向中庭空间加压,使烟气从上部排出;(b)在中庭内部及其他楼层同时向中庭加压的情况下,可以使烟气从危险楼层的侧墙上的开口直接排出室外

(3)中庭的人流疏散

中庭建筑的防火疏散应考虑大量人流的使用特性。在紧急情况下,人们习惯于选择熟悉的通道,虽然自动扶梯和电梯在公共建筑中起着日常输送大量人流的作用,但在火灾情况下,它们的控制系统受热极易损坏,同时电梯井将会成为烟道,而自动扶梯的单向运行给大股人流的反向疏散带来危险,因此应将疏散楼梯与熟悉的日常使用通道毗邻并设置明显的标志引导人流。

中庭周围的人流疏散路线可以有不同形式的选择。一般情况下疏散路线均可以与中庭完全分开。当整个中庭是一个非燃烧结构,内部没有火源,并且可以对整个中庭内部加压的情况下,可以将紧急情况下的疏散路线与中庭日常流通路线部分或全部混合。疏散通道需采用有效的保护措施,以避免烟和热辐射的影响,输送距离应符合建筑防火规范的相关规定。

3.3.3 中庭天窗构造

中庭的围护方式与结构形式以及采光方式有关。根据造型要求,中庭的围护方式常采用以下几种:

在框架结构以及采用金属骨架的建筑中,中庭可以采用大面积垂直的玻璃墙面,也可以采用水平方向或带有一定坡度的采光屋顶。透光材料可以采用透明或半透明的玻璃、塑料以及其他复合材料。

中庭围护结构有时也可以采用织物篷幕结构——充气结构与张拉结构。在较强的天空亮度下半透明性的织物可以使中庭产生部分扩散光。织物具有良好的反射性能，例如白色界面的织物白天可以反射掉约70%的日光热量，具有整体建筑节能的特点，同时夜间照明比较经济。在织物围护的中庭中，应避免弧面的声反射聚焦给室内使用带来的影响，在造型设计和构造处理中减少不良的声学效果。

在中庭采光处理中，最常用的是金属骨架玻璃采光天窗的方式，图3-42为张拉结构和金属骨架结构中的天窗，以下从材料、形式和构造三方面加以介绍。

慕尼黑奥运会张拉结构的采光天窗　　　　　　　金属骨架玻璃采光天窗

图3-42　采光天窗的形式

1）材料的选择

采光天窗主要由骨架、透光材料、连接件、胶结密封材料组成，其中，骨架与连接件通常采用型钢或铝合金型材，其材料性能与幕墙金属骨架性能相近，胶结密封材料与幕墙所用材料基本相同。这里主要介绍透光材料。

天窗透光材料的选择首先应满足安全要求，并且要具有较好的透光性能和耐久性；为保证中庭空间具有较好的热稳定性，在室内外环境条件差异较大的地区，可以选择具有良好热工性能的天窗透光材料。在需要防眩光处理的天窗中，也可以选择具有漫反射功能的透光材料来避免眩光的产生。

天窗处于中庭上空，当重物撞击或冰雹袭击天窗时，应防止玻璃破碎后落下砸伤人，所以天窗玻璃要有足够的抗冲击性能。各个国家制定建筑规范时，对此都有严格的限制。要求选择不易碎裂或碎裂后不会脱落的玻璃，常用的有以下几种：

（1）夹层安全玻璃

也称为夹胶玻璃。这种玻璃由两片或两片以上的平板玻璃，用聚乙烯塑料粘合在一起制成。其强度大大胜过老式的夹丝玻璃，而且被击碎后能借助于中间塑料层的粘合作用，仅产生辐射状的裂纹而不会脱落。这种玻璃有净白和茶色等多种颜色，透光系数为28%～55%。

（2）丙烯酸酯有机玻璃

这种透光材料最初是用于军用飞机的座舱，可采用热压成型或压延工艺制成弯形、拱形或方锥形等标准单元的采光罩，然后再拼装成外观华丽、形式多样的大面积玻璃顶,其刚度非常好,具有较高的抗冲击性能,且透光率可高达91%以上,水密性和气密性均很好,安装维修方便。早期的丙烯酸酯有机玻璃是净白的,现在已能生产乳白色、灰色、茶色等多种有机玻璃,这对消除眩光十分有利。染色的和具有反射性能的有机玻璃有利于控制太阳热的传入,隔热性能较好。

(3) 聚碳酸酯有机玻璃

这是一种坚韧的热塑性塑料,俗称阳光板,具有很高的抗冲击强度(约为玻璃的250倍)和很高的软化点,同时具有与玻璃相似的透光性能,透光率通常在82%~89%,保温性能优于玻璃,并且容易冷弯成型。但是耐磨性较差,时间久了易老化变黄,从而影响到各项性能。国外广泛用于商店橱窗,作为一种防破坏和防偷盗的玻璃材料。在天窗设计中常用于建造顶部进光的玻璃屋顶。

(4) 其他玻璃

除上述几种玻璃外,用于天窗的透光材料还有玻璃钢、钢化玻璃。玻璃钢又叫加筋纤维玻璃,具有强度大、耐磨损、半透明等优点,有平板、弧形、波形等品种。

天窗玻璃除要求抗冲击性好外,还应有较理想的保暖隔热性。上述玻璃的热工性能都较差,为了改善中庭的热环境,可以选用以下各种玻璃:

• 镜面反射隔热玻璃

生产玻璃时,经热处理、真空沉积或化学方法,使玻璃的一面形成一层具有不同颜色的金属膜,形成金、银、蓝、灰、茶等各种颜色,它能像镜子一样,具有将入射光反射出去的能力。6mm厚的普通玻璃透过太阳的可见光高达78%,而同样厚度的镜面反射玻璃仅能透过26%,比较一下图3-45(a)、(b)可知,这种玻璃的隔热性能是很好的。这种玻璃不但像镜子能反映四周景物,也能像普通玻璃一样透视,不会影响从室内向外眺望景色。

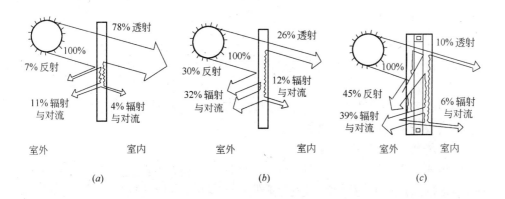

图3-43 不同品种玻璃的热工性能比较
(a) 6mm厚普通玻璃;(b) 6mm厚镜面玻璃;(c) 镜面中空隔热玻璃

• 镜面中空隔热玻璃

镜面隔热玻璃虽有较好的隔热性能,但它的导热系数仍和普通玻璃一样。为了提高其保暖性，可将镜面玻璃与普通玻璃共同组成带空气层的中空隔热玻璃，它的导热系数可由单层玻璃的 5.8W/(m·K)降为 1.7W/(m·K)，透过的阳光可降到 10%左右，如图3-43（c）所示。可见，这种镜面中空隔热玻璃的保温和隔热性能均比其他玻璃好。

- 双层有机玻璃

由丙烯酸酯有机玻璃挤压成型，纵向有加劲肋，肋间形成孔洞。这种双层中空的有机玻璃的保温性能好，强度比单层有机玻璃高。

- 双层玻璃钢复合板

将两层玻璃钢熔合在蜂窝状铝芯上构成中空的玻璃钢板材，具有保温性好、强度高、半透明的优良性能。

2) 中庭天窗形式

按进光的形式不同，天窗形式可以分为两大类：一类是光线从顶部来的天窗，通常称为玻璃顶；另一类是光线从侧面来的天窗。地处温带气候或常年阴天较多的地区最好选用玻璃顶，它的透光率高，比侧向进光的天窗透光率至少高出5倍以上，所以在阴天多和不太炎热的地区选用这类天窗，既可使中庭获得足够的自然光，又不至造成室内过热现象，光环境和热环境都容易满足要求。但是如果在炎热地区选用玻璃顶，大量直射阳光进入中庭内，容易造成过热现象，所以在炎热地区以选用侧向进光天窗为宜。天窗也是建筑造型中的重要元素，丰富多变的天窗为建筑空间的创造提供了有利的条件，图3-44为建筑中各种形式的天窗。

天窗的具体形式应根据中庭的规模大小、中庭的屋顶结构形式、建筑造型要求等因素确定。常见的有以下各种天窗形式：

（1）棱锥形天窗

棱锥形天窗有方锥形、六角锥形、八角锥形等多种形式，如图 3-45（a）、(b)、(c)、(d)、(e) 所示。尺寸不大（2m 以内）的棱锥形天窗，可用有机玻璃热压成采光罩。这种采光罩为生产厂家生产的定型产品，也可按设计要求订制。它具有很好的刚度和强度，不需要金属骨架，外形光洁美观，透光率高，可以单个使用，也可以将若干个采光罩安装在井式梁上组成大片玻璃顶，构造简单，施工安装方便。

当中庭采用角锥体系平板网架作屋顶承重结构时，可利用网架的倾斜腹杆作支架，构成棱锥式玻璃顶，如图 3-45（e）所示。

（2）斜坡式天窗

斜坡式天窗分为单坡、双坡、多坡等形式。玻璃面的坡度一般为 15°～30°，每一坡面的长度不宜过大，一般控制在 15m 以内，用钢或铝合金作天窗骨架，如图 3-45（f）、(g)、(h) 所示。

（3）拱形天窗

拱形天窗的外轮廓一般为半圆形，用金属型材作拱骨架，根据中庭空间的尺度大小和屋顶结构形式，可布置成单拱，或几个拱并列，布置成连续拱。透光部分一般采用有机玻璃或玻璃钢，也可以用拱形有机玻璃采光罩组成大片玻璃顶，

图 3-44　各种形式的天窗

如图 3-45（i）、（j）、（k）所示。

(4) 圆穹形天窗

圆穹形天窗具有独特的艺术效果。天窗直径根据中庭的使用功能和空间大小确定，天窗曲面可为球形面或抛物形曲面，天窗矢高视空间造型效果和结构要求而定。直径较大的穹形天窗应用金属做成穹形骨架，在骨架上镶嵌玻璃。必要时可在天窗顶部留一圆孔作为通气口。

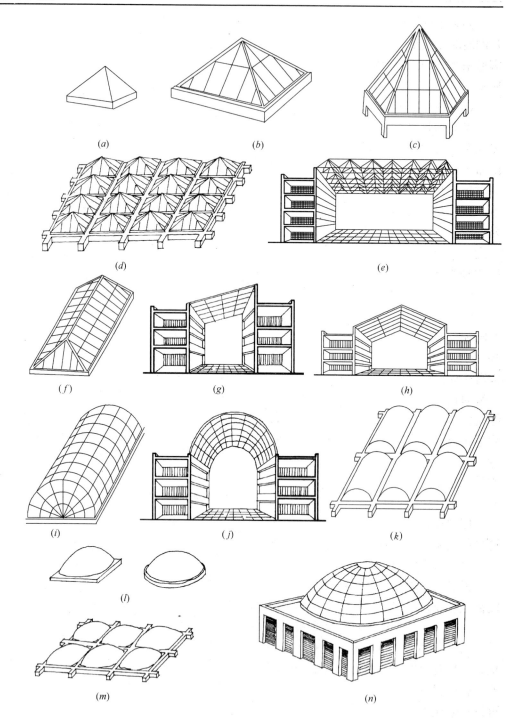

图 3-45 中庭天窗形式（一）

(a) 方锥形采光罩；(b) 方锥形玻璃顶；(c) 多角锥形玻璃顶；(d) 成片锥形玻璃顶；
(e) 角锥体平板网架构成的玻璃顶；(f) 斜坡式玻璃顶；(g) 单坡式玻璃顶；(h) 双坡式玻璃顶；
(i) 拱形玻璃顶；(j) 拱形玻璃顶；(k) 成片拱形采光罩；(l) 穹形采光罩；
(m) 成片穹形采光罩；(n) 穹形玻璃顶

如果中庭平面为方形或矩形等较规整的形状，也可以采用穹形采光罩构成成片的玻璃顶。采光罩用有机玻璃热压成型。穹形采光罩也可以单个使用，有方底穹形采光罩和圆底穹形采光罩。穹形天窗的各种形式如图 3-45（*l*）、（*m*）、（*n*）所示。

（5）锯齿形天窗

炎热地区的中庭可以采用锯齿形天窗，每一锯齿形由一倾斜的不透光的屋面和一竖直的或倾斜的玻璃组成，见图 3-46（*c*）。当屋面朝阳布置玻璃背阳布置时，可以避免阳光射进中庭。由于屋面是倾斜的，射向屋面的阳光将穿过玻璃反射到室内斜顶棚表面，再由顶棚反射到中庭底部，图 3-46（*c*）中箭头指示的方向表示了这一反光过程。可见采用锯齿形天窗既可避免阳光直射，又能提高中庭的照度。倾斜玻璃比竖直玻璃面的采光效率高，所以在高纬度地区宜采用斜玻璃；而在低纬度地区有可能从斜玻璃面射进阳光时，宜改成竖直的玻璃面。

（6）其他形式的天窗

以上五种天窗是中庭天窗的基本形式。在工程设计中，还可结合具体的平面空间和不同的结构形式，在基本形式的基础上演变和创造出其他天窗形式。图 3-46（*a*）、（*b*）是利用双曲扁壳和扭壳构成的侧向进光天窗，为了防止挡光，相邻天窗应保持一定的距离。图 3-46（*d*）是由薄壳组成的锯齿形天窗，每一壳面的一端为直线，另一端为拱曲线，可采用无斜腹杆形钢筋混凝土桁架作为薄壳的边缘构件。图 3-46（*e*）是利用高层建筑两翼之间的空缺位置布置中庭，屋顶层层后退构成台阶形侧向进光天窗，是锯齿形天窗在特定条件下的变化形式。图 3-46（*f*）是一种树状式玻璃顶，它采用树状式悬挑钢结构作天窗骨架，树状式结构的数目视中庭面积大小而定，天窗布局非常灵活自由。

3）中庭天窗构造

侧向进光的天窗构造与普通窗的构造有很多类似的地方。这里着重介绍顶部进光的玻璃顶，在其构造设计中，应满足以下设计要求：

（1）天窗应有良好的安全性能

天窗的各组成构件应具有较高的承载力，以满足抵抗风荷载、雨雪荷载、地震荷载以及自重等。各构件必须具有足够的强度，并保证连接牢固可靠。

（2）防止天窗冷凝水对室内的影响

当室内外存在较大的温差时，玻璃表面遇冷会产生凝结水，即所谓结露现象。要妥善设置排除凝结水的沟槽，防止冷凝水滴落到中庭地面，造成不良影响。解决这一问题，可以选择中空玻璃等热工性能好的透光材料，条件许可时，可以在采光顶的周围加暖水管或吹送热风以提高采光顶的内侧表面温度，使玻璃的表面温度保持在结露点之上。构造处理上常专门设置排水槽排冷凝水，排水槽要保证必要的排水坡度。采用这种方法，应注意在纵横两个方向均设排水槽，但是排水路径不能过长，以免冷凝水聚集过多而滴落。

（3）天窗应有良好的防水性能

中庭天窗常常是成片布置，玻璃顶要有足够的排水坡度，排水路线要短捷畅

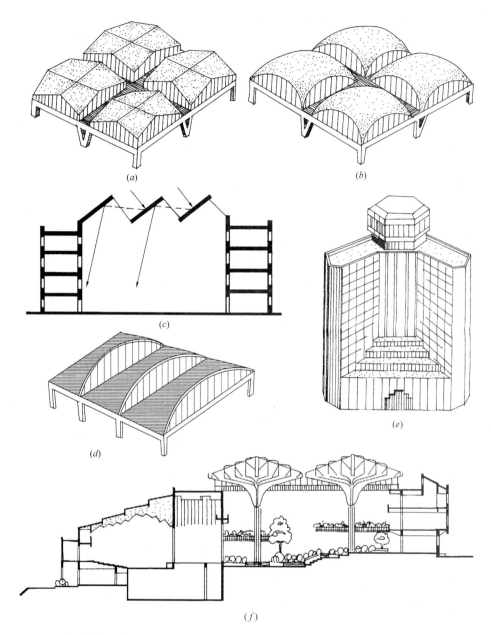

日本川崎市政广场，它的中庭由4个树状悬挑钢结构形成天窗，下面覆盖着一个巨大的室内广场，周围设有剧院、会议厅、陈列厅、图书馆、室内游泳池、健身房、茶室等。

图 3-46　中庭天窗形式（二）

（a）扭壳组成的天窗；（b）扁壳组成的天窗；（c）锯齿形天窗；
（d）薄壳组成的锯齿形天窗；（e）台阶形天窗；（f）树状式玻璃顶

通。细部构造应注意接缝严密，防止渗水。

（4）防止眩光对室内的影响

天窗作为顶部采光方式，容易因阳光直射入内而形成眩光，给使用带来极大的不便。为防止眩光，一方面可以采用具有漫反射性能的透光材料，如磨砂玻璃等；另一方面可以在透光材料下加设由塑料或有机玻璃制作的管状或片状材料构成的折光板，也可以设置金属折光片。

（5）满足建筑安全防护要求

我国现行《高层民用建筑设计防火规范》GB 50045—95（2005 版）规定：高层建筑的中庭当采用玻璃屋顶，其承重构件如采用金属构件时，应设自动灭火设备保护或喷涂防火材料，使其耐火极限达到 1h 的要求。中庭顶棚应设有烟感探测器，并应符合中庭排烟设计的要求。

除满足防火要求外，中庭天窗还应满足防雷要求。天窗的骨架及连接件大都用金属制成，应有严格的防雷处理。一般情况下不便在天窗的顶部设防雷装置，因此天窗必须设在建筑物防雷装置的 45°线之内。

图 3-47 天窗的骨架与结构的关系

4) 玻璃顶细部构造

下面介绍玻璃顶及其相关组成部分的细部构造。

（1）玻璃顶的承重结构

玻璃顶的承重结构都是暴露在大厅上空的，结构断面应尽可能设计得小些，以免遮挡天窗光线。一般选用金属结构，用铝合金型材或钢型材制成，常用的结构形式有梁结构、拱结构、桁架结构、网架结构等。承重结构有的可以兼做天窗骨架，如跨度小的玻璃顶可将玻璃面的骨架与承重结构合并起来，即玻璃装在承重结构上，结构杆件就是骨架。大多数的玻璃顶，安装玻璃的骨架与屋顶承重结构是分开来设计的，即玻璃装在骨架上构成天窗标准单元，再将各单元装在承重结构之上。当承重结构与天窗骨架相互独立时，两者之间应有金属连接件作可靠的连接。骨架之间及骨架与主体结构间的连接，一般要采用专用连接件。无专用连接件时，应根据连接所处位置进行专门的设计，一般均采用型钢与钢板加工制作而成，并且要求镀锌。连接螺栓、螺钉应采用不锈钢材料。骨架的布置，一般需根据玻璃顶的造型、平面及剖面尺寸、透光材料的尺寸等因素来共同确定。图 3-47 为天窗骨架与结构的不同关系，图 3-48 为几种常见造型玻璃顶的骨架布置图。

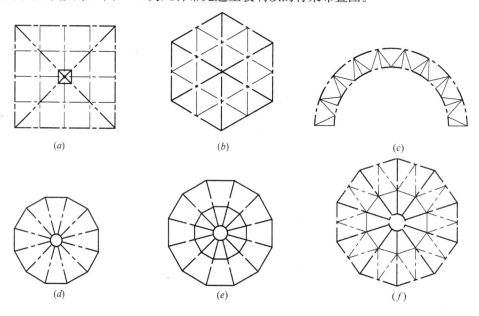

图 3-48 常见造型玻璃顶的骨架布置方式
(a) 四角锥玻璃顶；(b) 六角锥玻璃顶；(c) 拱形玻璃顶；(d) 小型圆锥玻璃顶；
(e) 中型圆锥玻璃顶；(f) 大型圆锥玻璃顶

（2）玻璃的安装

用采光罩作玻璃采光面时，采光罩本身具有足够的强度和刚度，不需要用骨架加强，只要直接将采光罩安装在玻璃屋顶的承重结构上即可。而其他形式的玻璃顶则是由若干玻璃拼接而成，所以必须设置骨架。骨架一般采用铝合金或型钢制作。骨架的断面形式应适合玻璃的安装固定，要便于进行密封防水处理，要考虑积存和排除玻璃表面的凝结水，断面要细小不挡光。可以用专门轧制的型钢来作骨架,但钢骨架易锈蚀,不便于维修,现在多采用铝合金骨架,它可以挤压成任意断面形状,轻巧美观、挡光少、安装方便、防水密封性好、不易被腐蚀。图3-49为各种金属骨架断面形式及其与玻璃连接的构造详图。

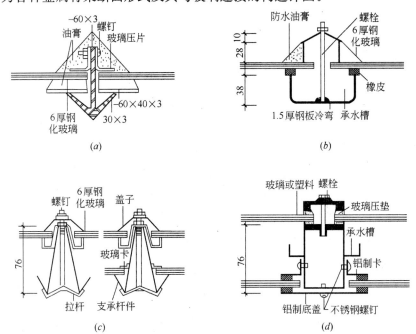

图 3-49 玻璃顶金属骨架断面形式与玻璃安装示例(单位:mm)
(a)有承水槽,构造简单,防水可靠;(b)有承水槽,防水可靠;
(c)铝制金属横挡,防水可靠;(d)铝制金属横挡,防水可靠

(3)天窗的排水处理

当天窗面积较小时,天窗顶部的雨水可以顺坡排至旁边的屋面,由屋面排水系统统一排走。当天窗面积较大或者由于其他原因不便将水排至旁边屋面时,可以设置天沟将雨水汇往屋面或用单独的水落口和水落管排出。冷凝水由带排水槽的金属骨架排向天沟,再由天沟排走。天沟可以是单独的构件,也可与井字梁等结构构件相结合设置。图3-50为利用井字梁设置天沟的构造做法示例。

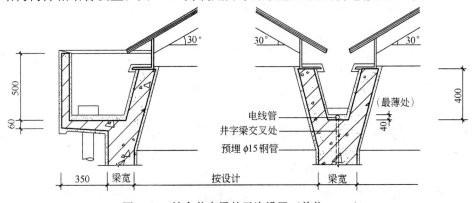

图 3-50 结合井字梁的天沟设置(单位:mm)

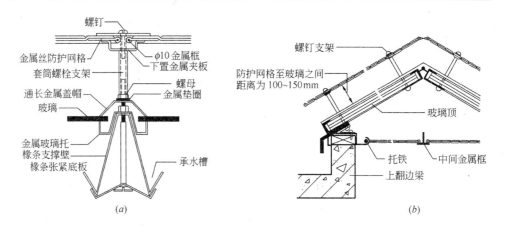

图 3-51 天窗玻璃防护网的安装
(a) 平天窗上部设防护网；(b) 上下均设防护网的天窗构造

(4) 其他

根据不同的使用要求和条件，天窗部位有不同的构造处理措施。有的天窗在使用中为强调玻璃的安全性，可以在玻璃的上下两侧或一侧附设防护网，如图 3-51，有的天窗为了改善通风条件，将下沿的承重结构抬高，在侧壁形成百叶窗来通风。为加强通风也可以将天窗设置一部分可开启扇，但是对防水不利，构造也较复杂。在严寒地区设置天窗时，可以在承重结构的上下设置为双层采光天窗，形成一个空气间层以提高保温性能，并且可以减少冷凝水的产生。

下面举几个有典型意义的玻璃顶实例，进一步说明玻璃顶的构造。

图 3-52 为重庆师范大学学生活动中心的屋顶天窗构造。玻璃顶由 8 个方形锥体以对角线错位相接布置，每个锥体的平面尺寸为 2120mm×2120mm，承重结构采用正交斜放钢筋混凝土井字梁。天窗之间的屋面略高于其他屋面并作找坡处理，用泄水管将雨水排至较低屋面。由于地处炎热气候地区，天窗构造上不作排冷凝水的考虑，而是将天窗侧壁升高后设铝合金百叶窗以加强通风。

图 3-53 为美国达拉斯世界贸易中心中庭的玻璃顶。玻璃顶平面尺寸为 53.3m×42.7m，用井字形钢梁作玻璃顶承重结构，共有 20 个井格，每个井格上安放一个 10.7m×10.7m 的方锥形玻璃顶。玻璃按 25°倾斜面设置，采用铝型材骨架，玻璃四周的铝型材均带有积水槽，用来积存玻璃表面的凝结水。玻璃顶的檐部铝件也带有积水槽，以便将全部凝结水汇集到槽内再从出水孔排至天沟，如图 3-53 所示，1 节点和 2 节点详图。

图 3-54 为加拿大多伦多某汽车陈列室的天窗构造，采用双坡式玻璃顶天窗。屋顶承重结构与天窗骨架合一，用铝型材制作，主要受力构件为顺水流方向的纵向型铝，它是断面较大的空心构件。垂直于水流方向的横向型铝通过连接件支承在纵向型铝上。透光材料采用双层空心丙烯酸酯有机玻璃，将它搁放在纵横型铝上再用型铝盖板卡紧，所有缝隙均嵌填密封胶条。

图 3-55 为深圳某旅馆休息厅的玻璃顶构造。由于跨度小，屋顶用梁结构承重，槽形钢构件搁在梁上形成排水沟。天窗骨架采用 T 形断面的钢构件支承在

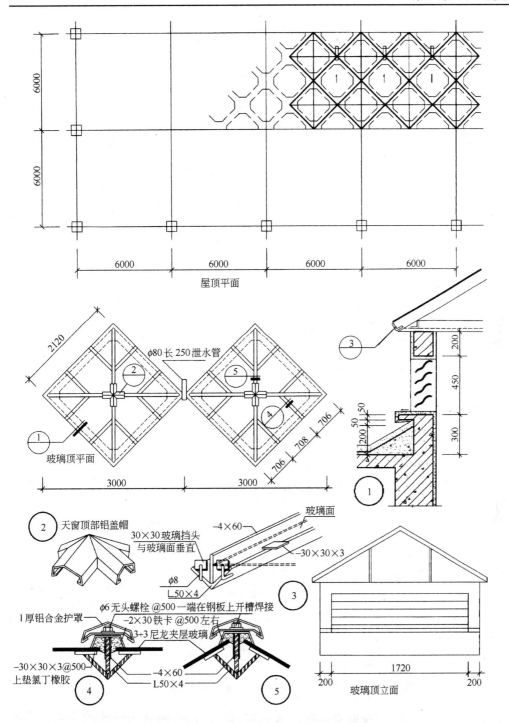

图 3-52 重庆师范大学学生活动中心天窗构造（单位：mm）

排水沟上构成多坡式玻璃顶。坡面斜率为 1/3，采用钢化玻璃，用油灰嵌固在骨架上。该玻璃顶全部用钢构件，取材容易，造价便宜，但应注意经常刷涂饰面涂料以防锈蚀。

图 3-56 为某商场营业楼的天窗构造。平面呈六边形，用六根钢筋混凝土

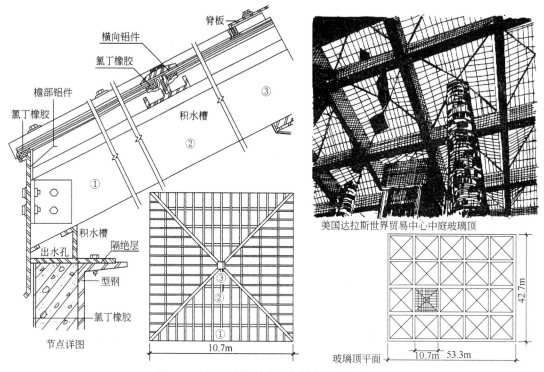

图 3-53 美国达拉斯世界贸易中心中庭玻璃顶构造

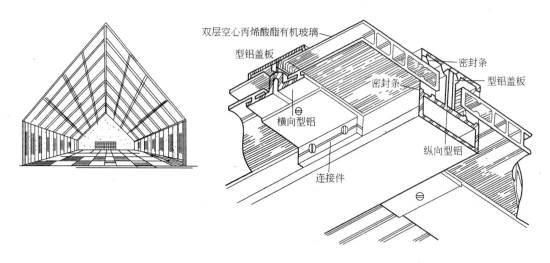

图 3-54 加拿大多伦多某汽车陈列室玻璃顶构造

斜梁与型钢共同组成天窗骨架,透光材料采用白色半透明玻璃钢波形瓦,室内光线产生均匀的漫反射效果。玻璃钢波形瓦的搭接处理同各类波形瓦屋面的构造处理原理相同,波形瓦与金属骨架间要有可靠的连接,并妥善进行防水处理。

第3章 大跨度建筑构造

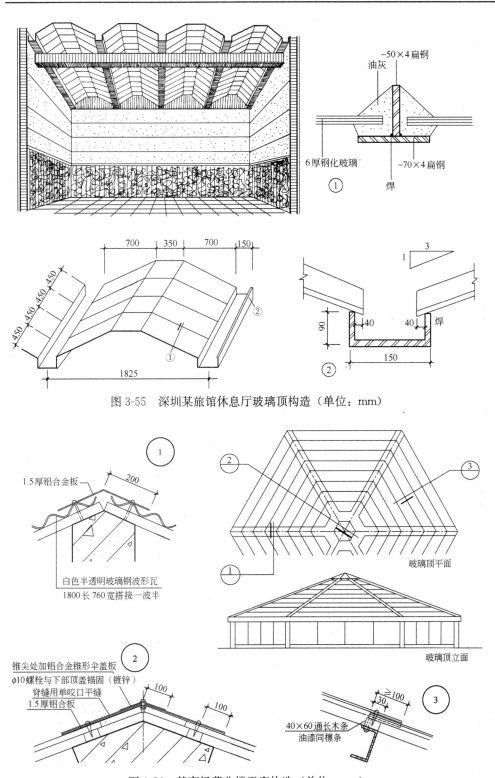

图 3-55 深圳某旅馆休息厅玻璃顶构造（单位：mm）

图 3-56 某商场营业楼天窗构造（单位：mm）

第 4 章 工业化建筑构造

Chapter 4
Construction of Industrialized Building

4.1 基本概念

4.1.1 建筑工业化的含义和特征

建筑工业化是指用现代工业生产方式和管理手段代替传统的、分散的手工业生产方式来建造房屋，也就是和其他工业那样用机械化手段生产定型产品。建筑工业化的定型产品是指房屋、房屋的构配件和建筑制品等。例如定型的一幢幢房屋，定型的墙体、楼板、楼梯、门窗等等。只有产品定型，才有利于成批生产，才能采用机械化的生产。成批生产意味着把某些定型产品转入工厂制造，这样一来，生产的各个环节分工更细了，生产中出现的矛盾必须通过组织管理来协调。

建筑工业化的基本特征表现在标准化、机械化、工厂化、组织管理科学化四个方面。机械化的生产与施工是建筑工业化的核心，如果没有机械化的成批生产，就不可能提高效率；设计标准化是建筑工业化的前提条件，建筑产品如不加以定型，采取标准化设计，就无法成批生产；工厂化是建筑工业化的手段，大多数的定型产品可以由现场生产转入工厂制造，例如建筑的各种定型构配件和定型模板转入工厂生产后可以大大提高效率和产品质量；组织管理科学化是实现建筑工业化的保证，因生产的各个环节多了，相互间的矛盾需要通过统一的、科学的组织管理来加以协调，避免出现混乱，建筑工业化的优越性才能体现出来。

工业化建筑体系有两种，一种是专用体系，另一种是通用体系。前者是以定型建筑物为基础，进行构配件配套的一种体系，它有一定的设计专用性和技术先进性，缺少与其他体系配合的互换性和通用性。后者是以通用构配件为基础，进行多样化房屋组合的一种体系，它的构配件可以互相通用，并可进行专业化成批生产。

4.1.2 实现建筑工业化的途径

实现建筑工业化的途径主要有两种。

1) 预制装配式建筑

预制装配式建筑的构配件制品，采用工业化方法生产，然后运到现场安装。目前装配式建筑主要有砌块建筑、大板建筑、框架板材建筑、盒子建筑等。其主要优点是生产效率高，构件质量好，施工速度快，现场湿作业少，受季节性影响小。缺点是生产基地一次性投资大，当生产量不稳定时，工厂的生产能力得不到充分发挥。

2) 全现浇和现浇与预制相结合的建筑

此类建筑的主要承重构件，如墙体和楼板全现浇或部分现浇、部分预制装配。这类建筑主要有大模板建筑、滑板建筑及升板建筑等。其主要优点是结构整体性好，适应性强，运输费用省，可组织大面积的流水施工，经济效果好，生产基地的一次投资比全装配少。缺点是现场湿作业多，工期长。

4.1.3 工业化建筑的类型

工业化建筑通常是按建筑结构的类型和生产施工工艺的不同进行分类的。工业化建筑的结构类型主要是发展不同材料的剪力墙结构和以混凝土为主要材料的框架结构。生产施工工艺主要按混凝土工程划分，如预制装配（全装配）、工具式模板机械化现浇（全现浇）或预制与现浇相结合。按结构类型与施工工艺的综合特征将工业化建筑划分成以下几种类型：砌块建筑、大板建筑、框架板材建筑、大模板建筑、滑模建筑、升板建筑和盒子建筑等。

4.2 砌块建筑

4.2.1 砌块建筑的优缺点和适用范围

砌块建筑是指用尺寸大于普通砖的预制块材作为砌墙材料的一种建筑。砌块可用混凝土、加气混凝土、各种工业废料、粉煤灰、煤矸石及石碴等作原料，它可以是实心的或空心的，每块尺寸比普通砖要大得多，因而砌筑速度比砖墙快，房屋的其他承重构件，如楼板、楼梯、屋面板等均和砖混结构差不多。所以这种建筑的施工方法基本与砖混结构相同，只需要简单的机具即可。故砌块建筑具有设备简单、施工速度较快、节省人工、便于就地取材、能大量利用工业废料和造价低廉等优点。当然砌块建筑的工业化程度还不太高，但作为工业化建筑的一种初级形式还是必须的，尤其是在我国目前经济比较落后的情况下，在一些中小城镇和广大农村采用砌块建筑仍然有其现实意义。

4.2.2 砌块建筑设计注意事项

砌块建筑在建筑设计上的主要要求是使建筑墙体各部分尺寸适应砌块尺寸，以及如何满足构造上的要求和加强房屋的整体性。因此设计时要考虑以下各种要求：

(1) 建筑平面力求简洁规整，墙身的轴线尽量对齐，减少凹凸和转角。

(2) 选择建筑参数时，要考虑砌块组砌的可能性。当确定砌块的规格尺寸时，应先研究常用参数和各种墙体的组砌方式。

(3) 门窗大小和位置、楼梯的形式和楼梯间的设计，也要与砌块组砌同时考虑。

(4) 砌块建筑墙厚应满足墙体承重、保温、隔热、隔声等结构和功能要求。

(5) 为了满足施工方便和吊装次数较少的要求，设计时应尽量选用较大的砌块。

(6) 砌块的排列组砌，要满足构造的要求。

4.2.3 砌块的类型与规格

砌块按其构造形式通常分为实心砌块和空心砌块，按其质量大小和尺寸大小分为三类：小型砌块（每块 200N 以下）、中型砌块（每块 3500N 以下）、大型砌块（每块 3500N 以上）。小型砌块可用手工砌筑，施工技术完全与砖混结构一样；中型砌块需要用轻便的小型吊装设备施工，楼板可用整间大小的混凝土结构或者采用条形楼板；大型砌块则需要比较大型的吊装设备，我国最常用的还是小型砌块和中型砌块。各地的砌块规格见表4-1。

部分地区砌块常用规格（单位：mm） 表4-1

分类	小型砌块	中型砌块			大型砌块
用料及配合比	C15细石混凝土配合比经计算与实验确定	C20细石混凝土配合比经计算与实验确定	粉煤灰 5300～5800N/m³ 石灰 1500～1600N/m³ 石膏 350N/m³ 煤渣 9600N/m³		粉煤灰 68%～75% 石灰 21%～23% 石膏 4% 泡沫剂 1%～2%
强度	MU3.5～MU5	MU5～MU7	MU15		MU10或MU7.5
规格 厚×高×长 (mm)	90×190×190 190×190×190 190×190×390	180×845×630 180×845×830 180×845×1030 180×845×1280 180×845×1480 180×845×1680 180×845×1880 180×845×2130	190×380×280 190×380×430 190×380×580 190×380×880		厚：200 高：600、700、800、900 长：2700、3000、3300、3600
最大块重	130N	2950N	1020N		大型：6500N
使用情况	广州、陕西等地区，用于住宅建筑和单层厂房等	浙江用于6层以下的住宅和单层厂房	上海用于6层以下的宿舍和住宅		天津用于4层宿舍、3层学校、单层厂房

4.2.4 砌块墙的排列与构造要点

用砌块建造房屋和用砖建造房屋一样，必须将砌块彼此交错搭接砌筑，以保证有一定的整体性。但它也有和砖墙构造不一样的地方，那就是砌块的尺寸比砖大得多，必须采取加固措施。另外，砌块不能像砖那样只有一种规格并可以任意砍断，为了适应砌筑的需要，必须在各种规格间进行砌块的排列设计。下面就砌块建筑的这些构造特点作一些介绍。

1）砌块墙应事先作排列设计

就是把不同规格的砌块在墙体中的具体安放位置用平面图和立面图加以表示。图4-1反映了用中型砌块建造房屋的砌块排列情况。砌块排列设计应满足下列要求：

第4章 工业化建筑构造

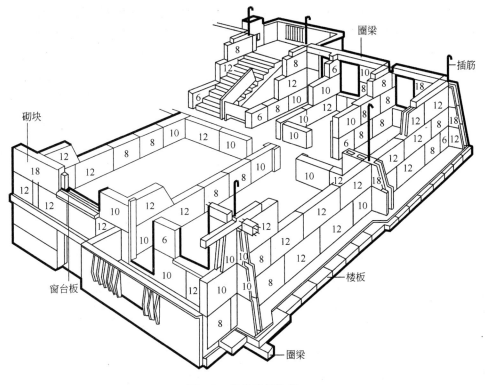

图 4-1 砌块建筑构造

(1) 上下皮砌块应错缝搭接，做到排列整齐，有规律，尽量减少通缝，使砌块墙具有足够的整体性和稳定性；

(2) 内外墙交接处和转角处，砌块也应彼此搭接；

(3) 应优先采用大规格的砌块，使主砌块的总数量在 70% 以上，图 4-1 中的主砌块是第 8 号与第 12 号砌块；

(4) 为了减少砌块的规格，在砌体中允许用极少量的普通砖来镶砌填缝，见图 4-2 (b)；

(5) 当采用混凝土空心砌块时，上下皮砌块应孔对孔、肋对肋、使上下皮砌块之间有足够的接触面，以扩大受压面积。

图 4-2 是小型砌块和中型砌块排列的立面示意图。小型砌块每皮高约 200mm，当采用 3m 层高时，每层楼砌块皮数约 13～14 皮（不包括圈

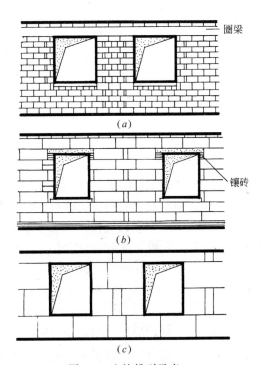

图 4-2 砌块排列示意
(a)小型砌块排列示例；(b)中型砌块排列示例之一；
(c)中型砌块排列示例之二

梁），如图 4-2（a）所示。实心中型砌块高约 300～400mm，每层楼可砌筑 7～9 皮砌块，如图 4-2（b）所示。空心混凝土中型砌块尺寸较大，每皮高约 800mm，每层楼砌三皮，即窗下墙 1 皮，窗间墙 2 皮，另加 1 皮圈梁砌块，如图 4-2（c）所示。

2) 砌块建筑每层楼都应设圈梁

圈梁用以加强砌块墙的整体性。圈梁通常与窗过梁合并，可现浇，也可预制成圈梁砌块，如图 4-2 所示。

3) 砌块墙芯柱处理

当采用混凝土空心砌块时，应在房屋四大角，外墙转角，楼梯间四角设芯柱，如图 4-3 所示。芯柱用 C15 细石混凝土填入砌块孔中，并在孔中插入通长钢筋。

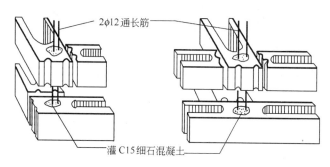

图 4-3　空心混凝土砌块建筑的芯柱

4) 砌块墙外饰面处理

砌块建筑的外墙面宜做外饰面，也可采用带饰面的砌块，以提高墙体的防渗水能力和改善墙体的热功性能。

砌块建筑其余部位构造，与砖混建筑相似，故不再重复。

4.3　大板建筑

4.3.1　大板建筑的优缺点和适用范围

大板建筑是指大墙板、大楼板、大屋面板的简称，有的称为壁板建筑。板材在专门的大板厂制作，或者在现场预制，是一种全装配式建筑，如图 4-4 所示。图 4-5 为某以大板建筑为主的城市住宅区。它的主要优点表现在以下几方面：

（1）由于装配化程度高，建设速度快，可缩短工期，提高劳动生产率。国外经验认为比一般的传统施工方法可缩短工期 40%～50%，节约劳动力 30%～40%。

（2）施工现场湿作业非常少，所以施工不受天气和季节的影响，由于大部分工作移入工厂进行，改善了工人的劳动条件。

（3）板材的承载能力比砖混结构高，因而可减少墙厚和结构自重，对抗震有利，并且扩大了使用面积（5%～10%）。

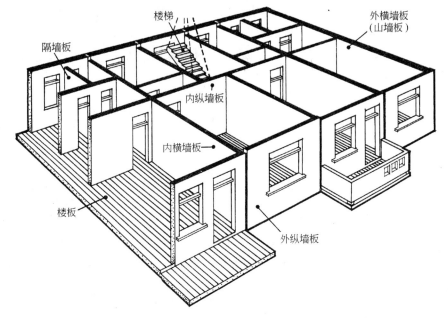

图 4-4 大板建筑

图 4-5 某以大板建筑为主的城市住宅区

大板建筑也存在一些缺点：

(1) 一次性投资大，也就是先要投入一部分资金修建大板工厂；

(2) 需要有大型的吊装运输设备，而且在坡地或狭窄路上运输比较困难；

(3) 钢材和水泥用量比砖混结构大，房屋造价也比砖混结构高（高20%~30%）。

大板建筑的适用范围应本着扬长避短的原则来考虑：

(1) 在某个地区范围内，每年建造的大板建筑数量应是均衡的，因为工厂只有在任务稳定的情况下才能提高效益、降低造价；

(2) 对某一施工现场而言，最好能成街成片的建造，因为安装大板需要事先安好塔式吊车等大型吊装设备，如果房屋建造量太小，每平方米摊销的机械台班费就会很高，因而增加了建筑造价；

（3）由于大板建筑是剪力墙承重结构，房屋的空间较小，所以建筑的类型只能是住宅、宿舍、旅馆等小开间的建筑；

（4）大板建筑板材之间有可靠的连接，具有较好的抗震性能，所以无论是地震区和非地震区都是适合的；

（5）由于大板建筑要求的施工和运输条件都较高，所以宜在平坦的地段建造。

4.3.2 大板建筑设计要点

（1）大板建筑体型力求匀称，平面布置应尽量减少凹凸变化，避免结构上受力复杂和增加构件的品种和规格。

（2）为了提高大板建筑的空间刚度，宜采用小开间横墙承重或整间双向楼板的纵横墙承重，少用纵墙承重。因为横墙承重和双向承重的空间刚度好，而纵墙承重的刚度较差，需要借助于楼板和梯井来增强整个房屋的刚度，使整幢建筑的用钢量增多。

（3）在进行大板建筑空间组合时，应尽量使纵横墙对齐拉通，便于墙板间的整体连接，提高大板建筑的整体刚度。图4-6是我国部分地区多层和高层大板住宅的几种平面图，它们的共同特点是纵横墙基本上注意了对齐拉通。但对于非地震区，横墙可以允许少量不对齐。

（4）大板建筑的小区规划应考虑塔式起重机的行走路线，道路系统畅通，房屋排列应在起重机的起重范围内，要有足够的空地堆放大型板材。

（5）进行构件设计时，应在满足设计多样化的同时，尽量减少构件规格，并方便制作、运输、堆放和安装。房屋的开间和进深参数不宜过多，一般情况下，开间控制在2～3种，进深1～2种，层高一种。

4.3.3 大板建筑的板材类型

大板建筑是用内外墙板、楼屋面板和其他构件组装成的，现分别对各种构配件作介绍。

1）墙板类型

墙板按其安装的位置分为内墙板和外墙板；按其材料分为砖墙板、混凝土墙板、工业废渣墙板；按其构造形式分为单一材料墙板和复合墙板。

（1）内墙板

内墙板是大板建筑的主要受力构件，应有足够的强度和刚度，同时内墙板也是分隔内部空间的构件，应具有一定的隔声、防火、防潮的能力。在横墙承重的大板建筑中，横墙板是主要承重构件，纵墙板为非承重构件，但它与横墙板共同组成一个个有规律的空间单元，使整个房屋具有较大的结构安全度。因此，设计时纵墙板常用与横墙板同一类型的墙板，使之具有同样的强度和刚度。为了减少墙板的规格和类型，从底层到顶层均采用同一厚度的墙板。多层大板建筑内墙板厚一般为140mm，高层为160mm。由于内墙板不需要考虑保温与隔热，其构造形式多采用单一材料的实心板、空心板等形式。墙板材料大多以钢筋混凝土墙

第 4 章 工业化建筑构造

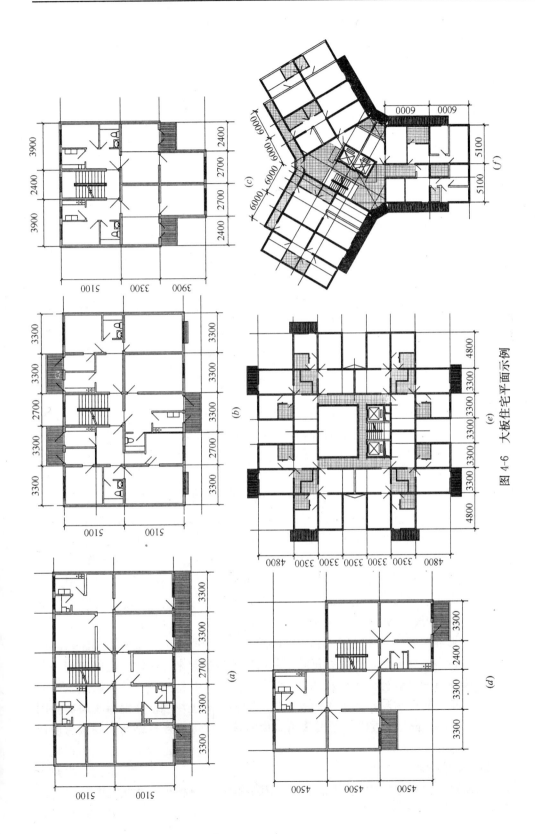

图 4-6 大板住宅平面示例

板、粉煤灰矿渣墙板和振动砖墙板为主。图 4-7 为各种内墙板的构造图。当在墙板端部开设门洞时，可以处理成"刀把板"或"带小柱板"两种形式，如图 4-7（a）、（b）所示。

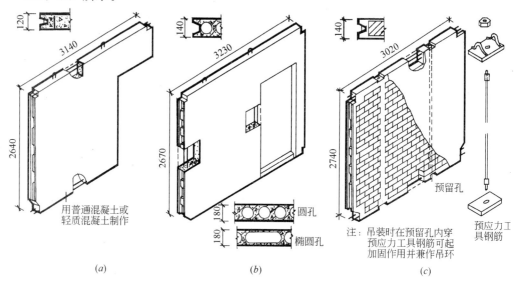

图 4-7　各种内墙板（单位：mm）
（a）实心墙板；（b）空心墙板；（c）振动砖墙板

除纵墙板和承重内墙板外，还有作为内部分隔用的隔墙板。对隔墙板的主要要求是隔声和质轻，同时也应防火和防潮，在选材和选型上尽量做到薄而轻。目前，多用钢筋混凝土薄板、加气混凝土条板、碳化石灰板和石膏板等。

（2）外墙板

外墙板是大板建筑的围护结构，它比内墙板的功能要求更多，如抵抗风雨，保温隔热和外装修等。为了满足防雨要求，外墙板的接缝构造也比内墙板要复杂一些。上述内墙板因无热工要求，常用单一材料制作，而外墙板则常采用两种以上的材料做成复合板，如图 4-8（b）所示。复合板一般用钢筋混凝土作受力层，以轻质材料作保温层。除复合板外，也可用轻质混凝土做成单一材料的外墙板，如矿渣混凝土、陶粒混凝土、加气混凝土等，如图 4-8（a）所示。

2）楼板和屋面板

为了加强房屋的整体刚度，宜用整间的预应力混凝土大楼板和屋面板。当吊装和运输设备不允许时，也可以每间安装两块板拼接起来（两块板之间现浇一条钢筋混凝土带）。钢筋混凝土楼板的构造形式通常可用空心板、实心板、肋形板，肋形板中填充轻质材料，如炉渣混凝土块、加气混凝土块和泡沫混凝土块等。图 4-9 为不同类型的大楼板构造，板的四边预留缺口和甩出连接钢筋，以便与墙板连接。

3）其他构件

大板建筑的其他构件包括阳台构件、楼梯构件、挑檐板、女儿墙板等。

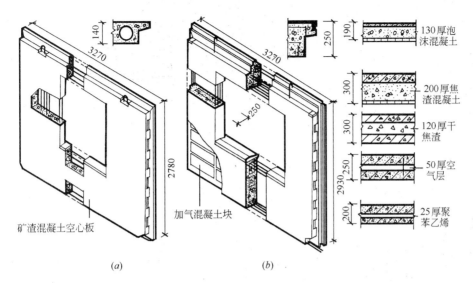

图 4-8 各种外墙板（单位：mm）
(a) 单一材料外墙板；(b) 复合材料外墙板

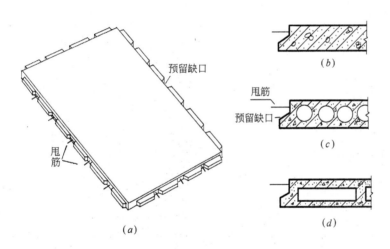

图 4-9 钢筋混凝土楼板形式
(a) 楼板外观；(b) 实心楼板；(c) 空心楼板；(d) 肋形楼板

4.3.4 大板建筑的节点构造

大板建筑的节点构造包括板材间的连接和外墙板的接缝防水处理。

1) 板材连接

板材连接是大板建筑非常关键的构造措施，板材只有相互间牢固地连接，才能把墙板、楼板连成一体，使房屋的强度和刚度得以保证。板材连接有干法连接和湿法连接两种，图 4-10 是墙板之间和楼板与墙板的连接构造图。

（1）干法连接

干法连接是借助于预埋在板材边缘的铁件通过焊接或螺栓将板材连成一体。

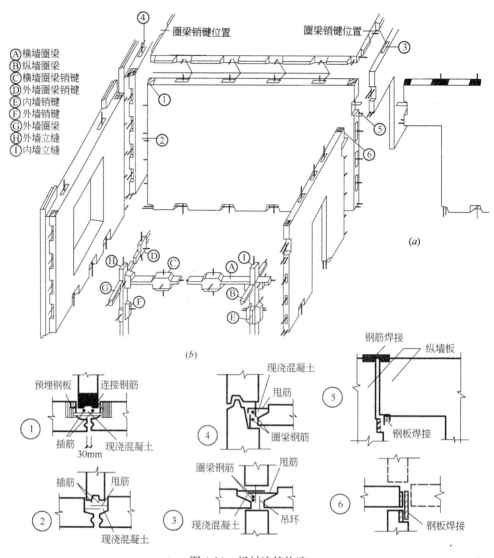

图 4-10 板材连接构造
(a) 板材连接轴测图；(b) 现浇圈梁及立缝中的小柱

其优点是施工简便，接头处不需要养护就能马上受力，所以对施工速度无影响。干法连接耗钢量大，连接铁件的质量要求较高，目前我国这种连接方法用得不多。图 4-10 中⑤、⑥节点为干法连接构造。

(2) 湿法连接

湿法连接是在板材边缘预留钢筋（称为甩筋），安装时将这些甩筋相互绑扎或焊接，然后在板缝中浇灌混凝土，使所有楼板的四周形成现浇的圈梁，所有墙板竖缝中形成现浇的构造柱（构造柱内事先插入竖向钢筋），并且在板材四周还预留若干个键槽，浇混凝土后，键槽处便形成与圈梁和小柱连在一起的销键。这种销键像销子一样把板材相互卡住，使大板建筑的整体刚度加强，如图 4-10 (a)、(b) 所示。图 4-10 中①、②、③、④节点分别表示出圈梁与现浇小柱的细部构造。

湿法连接的优点是房屋结构整体性好,刚度大,连接钢筋被混凝土包住,不易锈蚀。但湿法连接必须有一定的养护时间,使接头混凝土达到一定强度后才能受力。

2)外墙板的接缝防水构造

板缝防水处理方法:

(1)构造防水:在墙板侧面设置滴水或挡水台、凹槽切断毛细水通路,利用水的重力作用排除雨水,达到防水效果。这种方法较经济、耐久,但模板较复杂。在制作和施工中须防止墙板边角缺损,凡损坏部分必须妥善修补。当制作和施工条件不具备时,不宜采用。

(2)材料防水:利用密封材料嵌入板缝,防止雨水侵入,达到防水效果。密封材料必须具有粘结力强、耐久、不流淌及可塑性大的性能。这种方法模板制作简单,但造价较高,施工操作要求严格,发生渗漏不易检查。常用的材料有聚氯乙烯胶泥、聚氨酯嵌缝、改性沥青胶膏及氯丁橡胶、聚硫橡胶密封条等。

防水要求高的可采用构造防水及材料防水相结合的处理方法。

3)板缝保温处理

寒冷地区为了避免板缝处内墙面产生结露现象,影响使用,应加强保温措施。处理方法可在接缝处加一定厚度的高效轻质保温材料,如泡沫聚苯乙烯板、岩棉板、泡沫聚氨酯、泡沫聚氯乙烯条等。

4.4 装配式框架板材建筑

4.4.1 框架板材建筑的优缺点和适用范围

框架板材建筑是指由框架、墙板和楼板组成的建筑,如图 4-11 所示。它的基本特征是由柱、梁和楼板承重,墙板仅作为维护和分隔空间的构件。这种建筑的主要优点是空间分隔灵活,自重轻,有利于抗震,节省材料。其缺点是钢材和水泥用量较大,构件的总数量多,故吊装次数多、接头工作量大、工序多。框架板材建筑适合于要求具有较大空间的多、高层民用建筑,多层工业建筑、地基较

图 4-11 框架板材建筑

软弱的建筑和地震区的建筑。

4.4.2 框架结构类型

框架按所用材料分为钢框架和钢筋混凝土框架。从材料来源、建筑造价和防火性能等方面考虑,采用钢筋混凝土框架比较适合我国国情。但从减轻结构自重、加快施工速度方面考虑,采用钢框架则较有利。一般认为,30层以下的建筑可采用钢筋混凝土框架,更高的建筑才采用钢框架,我国目前主要采用钢筋混凝土框架。

钢筋混凝土框架按施工方法不同,分为全现浇、全装配和装配整体式。全现浇框架的现场湿作业多,寒冷地区冬期施工还要采取保温措施,故采用后两种施工方法更有利。

框架按构件的组成情况分为三种类型。第一种是楼板和柱组成的框架,称为板柱框架,如图4-12(a)所示,楼板可以是梁和板合一的肋形楼板,也可以是实心大楼板;第二种是梁、楼板、柱组成的框架,称为梁板柱框架,如图4-12(b)所示;第三种是在以上两种框架中增设一些剪力墙,简称为框剪结构,如图4-12(c)所示。加设剪力墙后,刚度比原框架增大若干倍,剪力墙主要承担水平荷载,故大大简化了框架的节点构造,所以框剪结构在高层建筑中采用较普遍。钢筋混凝土纯框架一般不宜超过10层,框剪结构多用于10～25层的建筑,国外最高的钢筋混凝土框剪结构已建成70层高的住宅和50层以上的办公楼。

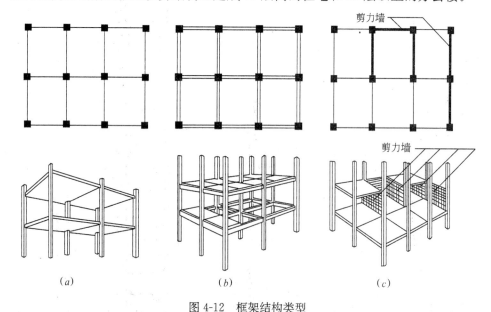

图4-12 框架结构类型
(a)板柱框架系统;(b)梁板柱框架系统;(c)剪力墙框架系统

4.4.3 装配式钢筋混凝土框架的构件连接

框架的构件连接主要有梁与柱、梁与板、板与柱的连接。

1)梁与柱的连接

梁与柱通常在柱顶进行连接,最常用的是叠合梁现浇连接,其次是浆锚叠压连接。图4-13（a）为叠合梁现浇连接构造，叠合方法是把上下柱、纵横梁的钢筋都伸入节点，加配箍筋后灌混凝土浇成整体。其优点是节点刚度大，故常用。图4-13（b）为浆锚叠压连接，将纵横梁置于柱顶，上下柱的竖向钢筋插入梁上的预留孔中后，再用高强砂浆将柱筋锚固，使梁柱连接成整体。

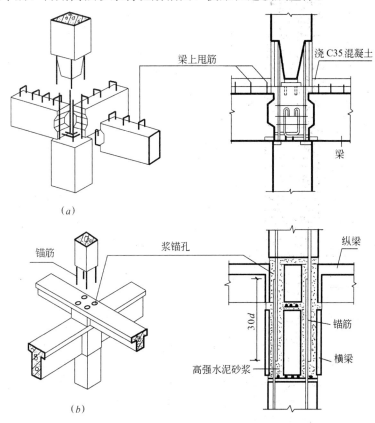

图 4-13　梁在柱顶连接
(a) 叠合梁现浇连接；(b) 浆锚叠压连接

2) 楼板与梁的连接

为了使楼板与梁柱整体连接，常采用楼板与叠合梁现浇连接，如图 4-14 所示。叠合梁由预制和现浇两部分组成，在预制梁上部留出箍筋，预制板安放在梁侧，沿梁纵向放入钢筋后浇筑混凝土，将梁和楼板连成整体。这种连接方式的优点是整体性强，并可减少梁占据的室内空间。

3) 楼板与柱的连接

在板柱框架中，楼板直接支承在柱上，其连接方法可用现浇连接、浆锚叠压连接和后张预应力连接，如图 4-15 所示。前两种连接方法与梁柱连接是相同的，不再说

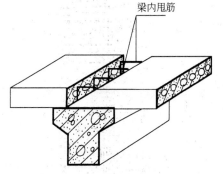

图 4-14　楼板与梁的连接

明。后张预应力连接法是在柱上预留穿筋孔，预制大型楼板安装就位后，预应力钢丝索从楼板边槽和柱上预留孔中通过，待预应力钢丝张拉后，在楼板边槽中灌混凝土，等到混凝土强度达到70%时放松预应力钢丝索，便把楼板与柱连成整体。这种连接方法构造简单，连接可靠，施工方便快速，在我国各地均有采用。

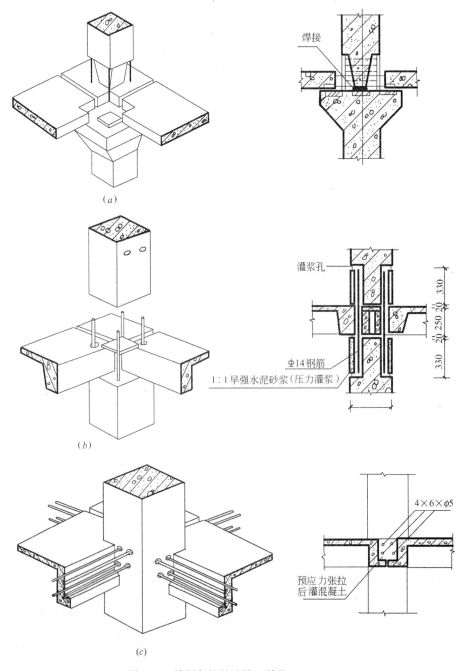

图 4-15　楼板与柱的连接（单位：mm）
(a) 现浇连接；(b) 浆锚叠压连接；(c) 后张预应力连接

4.4.4 外墙板类型、布置方式及连接构造

1）墙板的类型

按所使用的材料，外墙板可分为四类：即单一材料的混凝土墙板、复合材料墙板、玻璃幕墙和金属幕墙。后两种幕墙已在第一章介绍，这里就不再说明。单一材料的混凝土墙板用轻质保温材料制作，如加气混凝土等，如图4-16（a）、(b) 所示。复合板通常由三层组成，即内外壁和夹层。外壁选用耐久性和防水性均较好的材料，如钢丝网水泥等。内壁选用防火性能好，又便于装修的材料，如石膏板、塑料板等。夹层应选用密度小、保温隔热性能好、价廉的材料，如矿棉、玻璃棉、膨胀珍珠岩、膨胀蛭石、加气混凝土、泡沫混凝土、泡沫塑料等，如图4-16（c）所示。

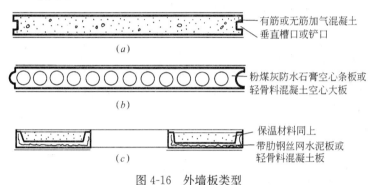

图4-16 外墙板类型
(a) 加气混凝土条板或拼装成大型墙板；(b) 空心条板（或空心大板）；
(c) 钢丝网水泥板（或轻骨料混凝土板）填心的复合板

2）外墙板的布置方式

外墙板可以布置在框架外侧，或在框架之间，如图4-17所示。外墙板安装在框架外侧时，建筑的立面重点表现外墙面，对保温有利；外墙板安装在框架之间时，此时建筑立面重点是突出框架，如突出垂直柱、水平的梁和楼板，但框架则暴露在外，在构造上需作保温处理，防止外露的框架柱和楼板成为"冷桥"。

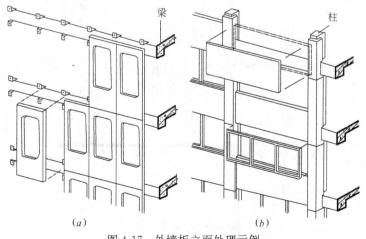

图4-17 外墙板立面处理示例
(a) 外墙板安装在框架外侧；(b) 外墙板安装在框架之间

4.5 大模板建筑

4.5.1 大模板建筑的优缺点和适用范围

所谓大模板建筑是指用工具式大模板来现浇混凝土楼板和墙体的一种建筑，如图4-18所示。其优点是：由于采用现浇施工，可不必建造预制混凝土板材的大板厂，故一次性投资比大板建筑少得多，当采用部分预制构件时，其需要量也不及大板建筑那样多；现浇施工使构件与构件之间连接方法大为简化，而且结构的整体性好，刚度增大，使结构的抗震能力与抗风能力大大提高了；现场施工可以减少建筑材料的多次转运，从而可使建筑造价比大板建筑低。当然大模板建筑也有一些缺点：如现场工作量大，在寒冷地区，冬期施工需要采用电热模板升温，增加了能耗，水泥用量也偏高。

(a)

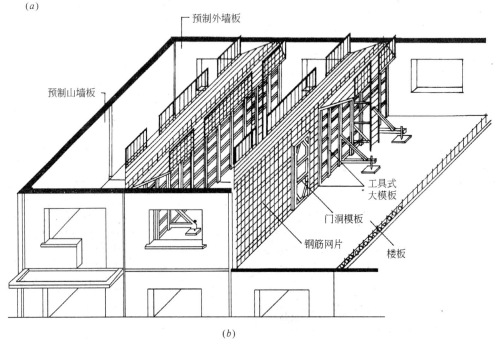

(b)

图 4-18 大模板建筑
(a) 大模板建筑模具；(b) 大模板建筑示意

4.5.2 大模板建筑设计要点

大模板建筑与大板建筑一样都是剪力墙结构，在设计上应注意以下几点：

(1) 建筑物最好采用横墙承重，其体形应力求简单，避免结构刚度突变，以利于抗震和抗风。

(2) 进行房屋空间组合时，纵横墙应对齐拉通，以简化节点构造，并有利于增强空间刚度。

(3) 工具式大模板一般用钢制作，需要提高周转次数才能充分发挥经济效益，故房屋的开间、进深等参数不宜过多，以便减少模板规格，提高模板的周转次数。

(4) 应注意加强内外墙之间、纵横墙之间、楼板与墙体之间的连接，保证结构的整体性。

(5) 墙体厚度从下至上采用同一厚度、以简化构造和施工，现浇内墙厚度一般为140～160mm。

4.5.3 大模板建筑类型

大模板建筑分为全现浇、现浇与预制装配结合两种类型。全现浇式大模板建筑的墙体和楼板均采用现浇方式，一般用台模和隧道模进行施工，技术装备条件较高，生产周期较长，但其整体性好，在地震区采用这种类型特别有利。如果将大模板建筑与大板建筑这两种不同的建造方式加以综合运用，便创造出了现浇与预制装配相结合的大模板建筑形式。例如楼板采用预制整间大楼板、墙体采用大模板现浇，或者只是内墙现浇，外墙仍用预制大墙板。现浇与预制相结合的方式对我国的生产现状更适合，运用起来也灵活，所以各地应用也较全现浇多些。现浇与预制相结合的大模板建筑又分为以下三种类型：

1) 内外墙全现浇

内外墙全部为现浇混凝土，楼板采用预制大楼板。其优点是内外墙之间为整体连接，使房屋的空间刚度增强了，但外墙的支模比较复杂，外墙的装修工作量也比较大，影响了房屋的竣工时间，一般多用于多层建筑，而较少用于高层建筑。

2) 内墙现浇外墙挂板

内墙用大模板现浇混凝土墙体，外墙用预制大墙板支承（悬挂）在现浇内墙上，楼板则用预制大楼板。这种类型简称为"内浇外挂"。其优点是外墙的装修可以在大板厂完成，缩短了现场施工期，同时外墙板在工厂可预制成复合板，外墙的保温和外装修问题较前一种方式更容易解决，并且整个内墙之间为整体浇筑，房屋的空间刚度仍可以得到保证。所以这种类型兼有大模板与大板两种建筑体系的优点，目前在我国高层大模板建筑中应用最为普遍。

3) 内墙现浇外墙砌砖

内墙采用大模板现浇，外墙用砖砌筑，楼板则用预制大楼板或条板，简称为"内浇外砌"。采用砖砌外墙的目的是砖墙比混凝土墙的保温性能好，而且又便宜,故在多层大模板建筑中曾经运用得较多。但是砖墙自重大,现场砌筑工作量大,延长了施工周期,所以在高层大模板建筑中很少采用这种类型。

4.5.4 大模板建筑的墙体材料与节点构造

我国大模板建筑目前仅用于住宅建筑,内墙一般采用C15或C20混凝土,或者用轻质混凝土。内横墙厚度应满足楼板搁置长度的需要,内纵墙厚度应满足房屋刚度的要求,两者厚度最好统一。当大模板建筑体系只用于多层住宅时,一般内墙厚度为140mm。对于高层住宅,内墙厚应为160mm。外墙厚度视材料和地区气候而定。当采用内外墙全现浇混凝土时,宜用轻质混凝土,厚度根据结构计算和热工计算确定。当采用"内浇外挂"时,外墙板宜用复合板(与大板建筑相同)。当采用"内浇外砌"时,外墙厚度和当地砖混结构的外墙厚度相同,比如北京地区一般用370mm厚的砖外墙即能满足当地的保温要求。

大模板建筑的节点构造是指墙体与墙体的连接、墙体与楼板的连接。墙体与墙体的连接主要反映在现浇内墙与外挂墙板、现浇内墙与外砌砖墙的连接上。至于外挂板的板缝防水构造与大板建筑完全相同,这里不再重复。

1)现浇内墙与外挂墙板的连接

在"内浇外挂"的大模板建筑中,外墙板是在现浇内墙前先安装就位,并将预制外墙板的甩出钢筋与内墙钢筋绑扎在一起,在外墙板中插入竖向钢筋,如图4-19(a)所示。上下墙板的甩出钢筋也相互搭接焊牢,如图4-19(b)所示,当浇筑内墙混凝土时这些接头连接钢筋便将内外墙锚固成整体。

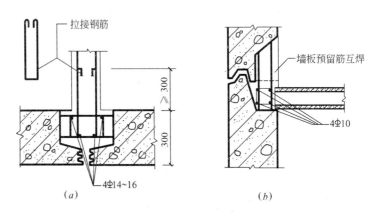

图4-19 现浇内墙与外挂板连接(单位:mm)
(a)内外墙连接(平面);(b)外墙板楼板连接(剖面)

2)现浇内墙与外砌砖墙的连接

在"内浇外砌"的大模板建筑中,砖砌外墙必须与现浇内墙相互拉结才能保证结构的整体性。施工时,先砌砖外墙,在与内墙交接处砖墙砌成凹槽,如图4-20(b)所示,并在砖墙中边砌砖边放入锚拉钢筋(胡子筋),立内墙钢筋时将这些拉筋绑扎在一起,待浇筑内墙混凝土时,砖墙的预留凹槽便形成一根混凝土的构造柱，将内外墙牢固地连接在一起。山墙转角处由于受力较复杂，虽然与现浇内墙无连接关系，仍应在转角处砌体内现浇钢筋混凝土构造柱，如图 4-20（a）所示。

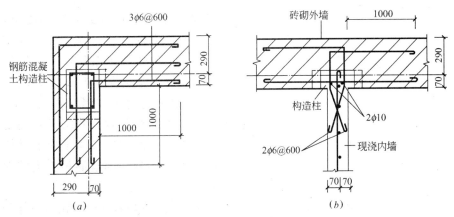

图 4-20　现浇内墙与外砌砖墙的连接（单位：mm）

3）现浇内墙与预制楼板的连接

楼板与墙的整体工作有利于加强房屋的刚度，所以楼板与墙体应有可靠的连接，具体构造如图 4-21 所示。安装楼板时，可将钢筋混凝土楼板伸进现浇墙内 35～45mm，使相邻两楼板之间至少有 70～90mm 的空隙作为现浇混凝土的位置。楼板端头甩出的连接筋与墙体竖向钢筋，以及水平附加钢筋相互交搭，浇筑墙体

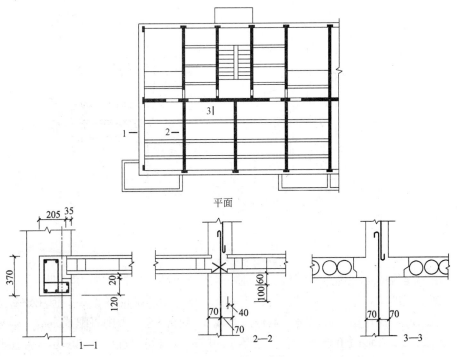

图 4-21　墙与楼板连接（单位：mm）

时，在楼板之间形成一条钢筋混凝土现浇带将楼板与墙体连接成整体。若外墙采用砖砌筑时，应在砖墙内的楼板部位设钢筋混凝土圈梁，如图4-21中的1—1剖面节点构造。

4.6 其他类型的工业化建筑

用工业化生产方式建造房屋的主要类型是大板、框架板材、大模板、砌块等四种，这四种类型我国应用得最多。除此之外还有滑模建筑、升板建筑、盒子建筑等，这些也都属于工业化建筑的范畴。下面就这几种类型作一简要介绍。

4.6.1 滑模建筑

所谓滑模建筑是指用滑升模板来现浇墙体的一种建筑。滑模现浇墙体的工作原理是利用墙体内的钢筋作支承杆，将模板系统支承在钢筋上，并用油压千斤顶带动模板系统沿着支承杆慢慢向上滑移，边升边浇筑混凝土墙体，直至墙体浇到顶层才将滑模系统卸下来，如图4-22所示。

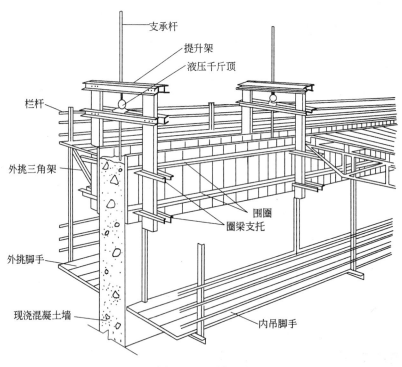

图4-22 滑模示意

滑模建筑的主要优点是结构整体性好，提高了结构的抗震能力，机械化程度高，施工速度快，模板的数量少且利用率高，施工时所需的场地小。但用这种方式建造房屋，操作精度要求高，墙体垂直度不能有偏差，否则将酿成事故。滑模建筑适宜用于外形简单整齐、上下壁厚相同的建筑物和构筑物，如多层和高层建筑、水塔、烟囱、筒仓等。我国深圳国际贸易中心大厦高50层的主楼部分便是采用滑模施工的。

用滑模建造房屋通常有以下三种布置类型：第一种是内外墙全用滑模现浇混凝土，如图 4-23（a）所示。这种类型的滑模建筑，外墙宜考虑用轻质混凝土来解决保温问题。第二种是内墙用滑模现浇混凝土，外墙用预制墙板，如图 4-23（b）所示。这样有利于解决外墙的保温和装修，就像大板建筑的外墙板那样，墙板采用复合板，在预制工厂内就将外饰面做好，墙体内用加气混凝土等保温材料作保温层。第三种是用滑模浇筑楼电梯间等组成的核心筒体结构，其余部分用框架或大板结构，如图 4-23（c）所示。这种类型多用于高层建筑，核心筒体主要承受水平荷载，框架则主要承受垂直荷载。

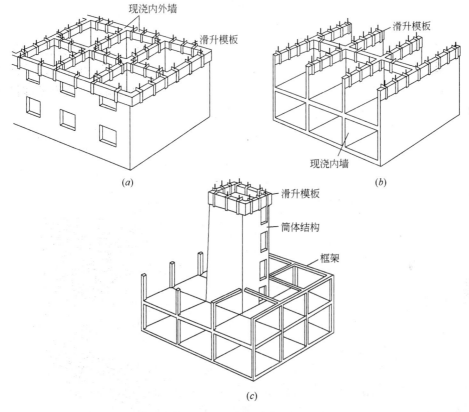

图 4-23 滑模布置方式
（a）内外墙滑模；（b）内墙滑模；（c）外框架核心筒体滑模

滑模建筑的楼板如何施工是个有待解决的课题。因为墙体施工是很先进的工业化建筑方法，速度很快，但楼板施工速度跟不上，在墙体滑升过程中因楼板施工而不得不停下来。目前楼板施工的方法虽多，但都不能很好地解决这一矛盾，图 4-24 列举了 5 种楼板施工方法。这 5 种方法的楼板施工有的用预制，有的用现浇，有的是墙体滑至顶层后才回过头来施工楼板，有的则是边滑边施工楼板，各种方法各有利弊。例如集中先滑墙体，然后再做楼板的方法使两种构件的施工相对集中。有利于现场管理，但房屋在楼板未施工前的刚度很差，楼层越高情况越严重,必须有严格的安全措施才行。边滑边施工楼板的方法对施工过程中房屋的安全有利,但楼板与墙体交叉施工使施工组织较复杂。总之可以根据各地的习惯采取不同的做法,如上海地区多用分段集中滑升法,而北京地区则为边滑边浇楼板。

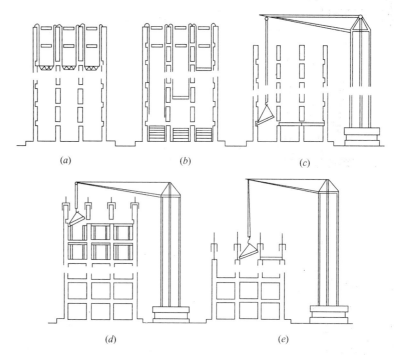

图 4-24 滑模建筑的楼板做法

(a) 降模法,用悬挂模板自上而下浇筑楼板;(b) 房屋内叠层预制楼板自上而下吊装;
(c) 墙体滑升完后自下而上吊装预制楼板;(d) 墙体先滑几层,然后逐层支模浇筑楼板;
(e) 空滑法,模板空滑一段高度,将预制楼板插入墙中

4.6.2 升板建筑

所谓升板建筑是指利用房屋自身的柱子作导杆,将预制楼板和屋面板提升就位的一种建筑。用升板法建造房屋的过程与常规的建造方法不一样,图 4-25 说明了这一点。第一步是做基础,即在平整好的场地开挖基槽,浇筑柱基础。第二步是在基础上立柱子,大多采用预制柱。第三步是打地坪,先作地坪的目的是为了在上面叠层预制楼板。第四步是叠层预制楼板和屋面板,板与板之间用隔离剂分开,注意柱子是套在楼面和屋面板中的,楼板与柱交界处需留必要的缝隙。第五步是逐层提升,即将预制好的楼板和屋面板由上而下逐层提升。为了避免在提升过程中柱子失去稳定性而使房屋倒塌,楼屋面板不能一次就提升到设计位置,而是分若干次进行,要防止上重下轻。第六步是逐层就位,即从底层到顶层逐层将楼板和屋面板分别固定在各自的设计位置上。

升板建筑的主要施工设备是提升机,每根柱子上安装一台,以便楼板在提升过程中均匀受力、同步往上升。提升机悬挂在承重销上,如图 4-26 (b) 所示,

第 4 章 工业化建筑构造

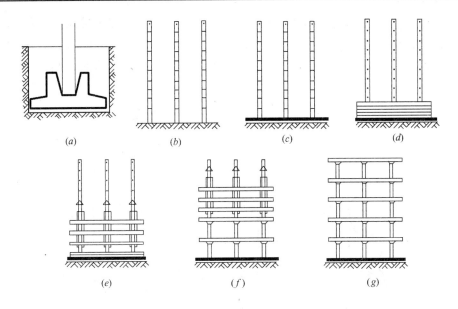

图 4-25 升板建筑施工顺序
(a) 作基础；(b) 立柱子；(c) 打地坪；(d) 叠层预制楼板；
(e) 逐层提升；(f) 逐层就位；(g) 全部就位

承重销是用钢做的，可以临时支承提升机和楼板，提升完毕后承重销就永远固定在柱帽中。提升机通过螺杆、提升架、吊杆将楼板吊住，当提升机开动时，使螺杆转动，楼板便慢慢往上升，如图 4-26（a）所示。这里还需要说明一点，图 4-26（a）中的吊杆可以提升任何一层楼板，其长度应能吊住最下一层楼板。

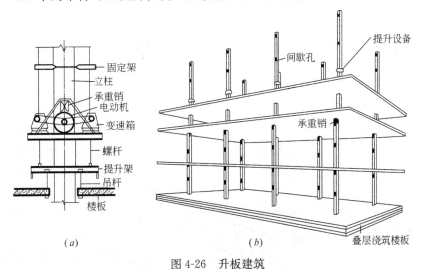

图 4-26 升板建筑

从以上介绍可以看出升板建筑有不少优点，因为是在建筑物的地坪上叠层预制楼板，利用地坪及各层楼面底模，可以大大节约模板。把许多高空作业转移到地面上进行，可以提高效率、加快施工进度。预制楼板是在建筑物本身平面范围内进行的，不需要占用太多的施工场地。根据这些优点，升板建筑主要适用于隔墙少、楼面荷载大的多层建筑，如商场、书库、车库和其他仓贮建筑，特别适用于施工场地狭小的地段建造房屋。

升板建筑的楼板通常采用三种形式的钢筋混凝土板。第一种是平板，因上下表面都是平的，制作简单，对采光也有利，柱网尺寸常选用 6m 左右比较经济。第二种是双向密肋板，其刚度比第一种好，特别适用于 6m 以上的柱网尺寸。第三种是预应力钢筋混凝土板，由于施加预应力后改善了板的受力性能，可适用于 9m 左右的柱网。

升板建筑的外墙可以采用砖墙、砌块墙、预制墙板等。为了减轻承重框架的负荷，最好选用轻质材料作外墙。

楼板与柱的连接通常有后浇柱帽、承重销、剪力块等方法，后浇柱帽是我国目前大量采用的板柱连接法。当楼板提升到设计位置后，在其下穿承重销于柱间歇孔中，绑扎柱帽钢筋后从楼板的灌注孔中灌入混凝土形成柱帽，如图 4-27 所示。

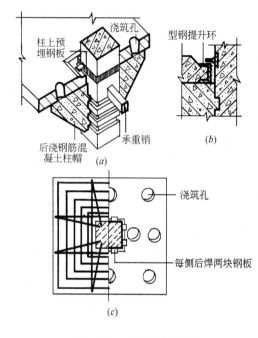

图 4-27 后浇柱帽构造

在升板建筑的基础上，还可以进一步发展升层建筑。即在提升楼板之前，在两层楼板之间安装好预制墙板和其他墙体，提升楼板时连同墙体一起提升。这种建筑可进一步简化工序，减少高空作业，加快施工速度，如图 4-28 所示。

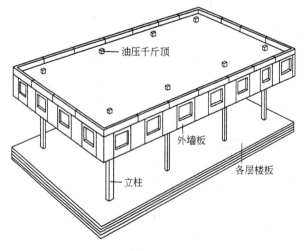

图 4-28 升层建筑

4.6.3 盒子建筑

盒子建筑是指由盒子状的预制构件组合而成的全装配式建筑。这种建筑始建于 20 世纪 50 年代，目前世界上已有几十个国家修建了盒子建筑，适用于住宅、旅馆、疗养院、学校等类型的建筑，不但用于多层房屋，还适用于高层建筑，目前已修建的有 20 多层的高层住宅，如图 4-29 所示。我国从 20 世纪 80 年代初期开始试点，现已建起了盒子住宅楼、盒子旅馆等。

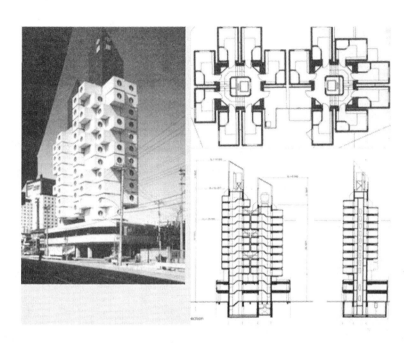

图 4-29 盒子装配式建筑（某高层公寓实例）

盒子建筑的主要优点：第一是施工速度快，同大板建筑相比可缩短施工周期 50%～70%，国外有的 20 多层的旅馆，采用盒子构件组装，一个月左右就能建成；第二是装配化程度高（装配程度可达 85% 以上），修建的大部分工作，包括水、暖、电、卫等设备安装和房屋装修都移到工厂完成，施工现场只余下构件吊装、节点处理，接通管线就能使用，现场用工量仅占总用工量的 20% 左右，总用工量比大板建筑减少 10%～50%，比砖混建筑减少 30%～50%；第三是混凝土盒子构件是一种空间薄壁结构，自重较轻，与砖混建筑相比，可减轻结构自重一半以上。目前影响盒子建筑推广的主要原因是建造盒子构件的预制工厂投资太大，运输、安装需要大型设备，建筑的单方造价也较贵（与大板建筑差不多）。

1) 盒子建筑的类型

盒子构件可用钢、钢筋混凝土、铝、塑料、木材等制作，可分为有骨架的盒子构件和无骨架的盒子构件两类。有骨架的盒子构件通常用钢、铝、木材、钢筋混凝土作骨架，以轻型板材围合形成盒子，如图 4-30 所示。这种盒子构件的质量很轻，仅 $100～140 kg/m^2$。

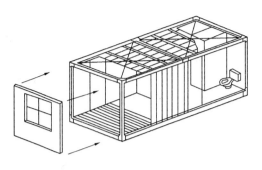 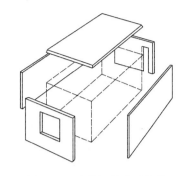

图 4-30　有骨架的盒子构件　　　　图 4-31　无骨架的盒子构件

无骨架的盒子构件一般用钢筋混凝土制作，每个盒子可以分别由 6 块平板拼成，如图 4-31。不过目前最常用的是采取整浇成型的办法，因为它的刚度特别大。生产整浇盒子时必须留 1～2 个面不浇筑，作为脱模之用。如图 4-32，其中图（a）为在盒子上面开口，顶板单独预制成一块板，称为杯形盒子；图 4-32（b）是在盒子的下面开口，底板单独制作，称为钟罩形盒子；图 4-32（c）、（d）是在盒子的两端或一端开口，端墙板（带窗洞或不带窗洞）单独加工，称为卧环形盒子。这些单独预制加工的板材可在预制工厂或施工现场与开口盒子拼装成一个完整的盒子构件后再进行吊装。从实际使用效果看，钟罩形盒子构件使用最广泛。整浇成型的盒子构件可视为空间薄壁结构，由于刚度很大，承载能力强，壁厚一般仅 30～70mm，节约材料，房间的有效使用空间也相应扩大了，所以应用最为广泛。

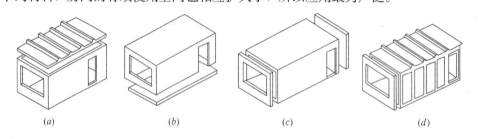

图 4-32　整浇成型的盒子构件
（a）杯形盒子；（b）钟罩形盒子；（c）卧环形盒子；（d）卧环形盒子

2）盒子建筑的组装方式与构造

用盒子构件组装的建筑大体有以下几种方式：

第一种是上下盒子重叠组装，如图 4-33（a）所示。用这种方式可建 12 层以下的房屋，因其构造简单，应用最为广泛。在非地震区建 5 层以下的房屋，盒子构件之间可不采取任何连接措施，依靠构件的自重和摩擦力来保持建筑物的稳定。当修建在地震区或层数较多时，可在房屋的水平或垂直方向采取构造措施。如采取施加后张预应力，使盒子构件相互挤压连成整体，也可用现浇通长的阳台或走廊将各盒子构件连成整体或者在盒子之间用螺栓连接，还可以采用类似像大板建筑的连接方法连接。

第二种组装方式为盒子构件相互交错叠置，如图 4-33（b）所示。这种组装方式的特点是可避免盒子相邻侧面的重复,比较经济。

第三种组装方式为盒子构件与预制板材进行组装,如图 4-33(c)所示。这种方式的优点是可节省材料,设计布置比较灵活,其中设备管线多和装修工作量大的房间采用盒子构件,以便减少现场工作量,而大空间和设备管线少的那些房间则采用大板结构。

第二、三两种组装方式适用的层数与第一种相同。

第四种组装方式是盒子构件与框架结构进行组装,如图 4-33(d)所示。盒子构件可搁置在框架结构的楼板上,或者通过连接件固定在框架的格子中。这种组装方式的盒子构件是不承重的,组装非常灵活。

第五种组装方式是盒子构件与筒体结构进行组装,如图 4-33(e)所示。盒子构件可以支承在从筒体悬挑出来的平台上,或者将盒子构件直接从筒体上悬挑出来。

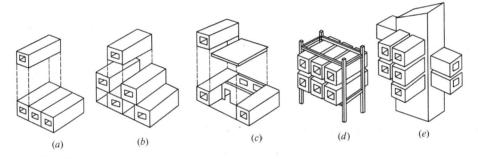

图 4-33 盒子建筑组装方式
(a)重叠组装;(b)交错组装;(c)盒子板材组装;(d)盒子框架组装;(e)盒子筒体组装

4.7 工业化建筑的标准化与多样化

标准化与多样化是工业化建筑固有的一对矛盾,它们彼此依存而又相互对立。这对矛盾解决得好与坏,是衡量某一工业化建筑体系的重要标志。

4.7.1 标准化与多样化的含义

标准化是为了促进最佳的全面经济管理,为有秩序地推行建筑工业化而制订的一套统一措施和统一规定。它通常包含下列内容:制定统一模数和统一建筑参数;确定构配件、制品和模具的统一规格和型号;设计统一的节点构造做法;拟定产品的生产工艺、施工工艺、产品质量标准和与之配套的生产施工设备等。可见,标准化涉及的范围很广,建筑设计、生产制造和施工管理无不包罗在内。标准化不能理解为单纯的设计标准化,要实现标准化也不是一件简单容易的事,它是一项复杂艰巨的系统工程,必须是各个部门通力合作,步调一致才能顺利实现。

多样化则是指在推行标准化的同时,要解决好工业化建筑的适应性和艺术性。即采用标准化的方法建造起来的建筑要适应不同地形、不同地区、不同气候的变化，要适应不同的建筑标准，建筑物的内部空间要灵活，以适应功能上的多样化要求，建筑物的外观造型要丰富多彩，具有建筑艺术性。

实行标准化的目的是进行大批量机械化生产、降低产品成本，提高产品质量。但如果牺牲多样化来取得标准化那是绝对不能持久的，因为它的产品不受人欢迎，在商品社会激烈竞争中必然被淘汰。所以标准化与多样化是相辅相成的关系，解决好这个问题关系着建筑工业化的兴衰与成败。

4.7.2 怎样做到标准化

要做到标准化，就必须使建筑工业化从一般的标准设计向工业化建筑体系方向发展。工业化建筑体系是指某类或某几类建筑，从设计、生产工艺、施工方法到组织管理等各个环节配套，形成工业化生产的完整过程。

工业化建筑体系分为专用体系和通用体系。所谓专用体系（又称封闭体系）是指以定型房屋为基础进行构配件配套的一种体系，其产品是定型房屋；而通用体系（又称开放体系）是以通用构配件为基础，进行多样化房屋组合的一种体系，其产品是定型构配件。专用体系的主要优点是构配件规格少，有利于标准化、设备投资较少、投产快。其缺点是建成的房屋往往比较单调。通用体系的主要优点是构配件可以互换通用，设计易于做到多样化，且构配件的使用量大，便于组织专业化大批量生产。它的构配件规格比某一种专用体系多，但就一个地区、一个城市而言，往往需要采用若干种专用体系，这样一来，构配件规格的总数反而增多了，有些相近的构配件由于各属一种体系也不能互换通用，不利于标准化。各国推行建筑工业化已有将近40年的历史，20世纪50~70年代，主要发展工业化"专用体系"，从70年代起，一些工业发达的国家才开始探索工业化"通用体系"。所以近年来，许多国家都在向通用体系方向发展，我国的情况也大体如此。

4.7.3 解决标准化与多样化矛盾的途径

标准化与多样化有它内在的联系。标准化可以理解为把建筑中那些不需要变的或者变化不大的因素加以固定起来，多样化则是把其余可变的部分作为实现多样化最活跃的因素加以灵活运用。因此，解决标准化与多样化矛盾的基本方法与途径就是找出哪些可以固定不变的内容和范围，组成标准化的基本单位，再以此为基础，运用各种手段和方法组成灵活多样的建筑物。这些手段和方法概括起来有以下几方面。

1）从规划设计方面考虑

工业化建筑的标准化与多样化，首先要从规划设计着手，环境设计是取得建筑空间整体艺术效果的重要一环。例如进行工业化居住小区规划时，要想使群体丰富多变，达到好的艺术效果，就要以住宅中的不变部分——定型房间块或者定型住宅单元为基础，在地形、道路、绿化、建筑层数、建筑体型这些可变的因素上动脑筋想办法，以不同的层数和不同的体型相配合，居住建筑和小区的公共建筑相互衬托，利用地形、道路、绿化进行巧妙的别出心裁的布置，使建筑的群体构成高低错落、疏密相间、活泼多样的空间环境。图 4-34 是某工业化住宅区的建筑群。

某工业化住宅区的建筑群利用建筑层数、建筑体形的变化，加以合理的环境、道路、绿化设计，使建筑的群体构成高低错落、疏密相间、活泼多样的空间环境。

图 4-34 某工业化住宅区的建筑群

2）从建筑的平面空间上考虑

工业化产品不是专为某一具体建筑而设计的，它是按统一化原则拟定的标准定型产品。这种定型产品或者是品种规格有限的预制构件，或者是以定型模板建造房屋。然而对于某一具体建筑来讲，它所要求的房间面积大小、房间尺寸、房间形状以及各房间之间的组合关系都各不相同，往往需要因时、因地、因用户的差异而变。所以在进行平面空间设计时，要善于区分哪些是固定不能变的，哪些是可以灵活掌握的，并以不变因素为基础，充分运用可变因素的灵活多样性进行组合，使设计既体现标准化的特点，又能满足平面空间丰富多变的要求。要做到这一点，可以从三方面着手：选择合适的基本定型单位、采取灵活空间设计法、采取错层或跃层布置。

（1）选择合适的基本定型单位

基本定型单位的确定是建筑平面空间设计时首先要找出的一个重要的不变因素。基本定型单位的大小选择得是否合适，不仅影响建筑平面空间的灵活性，而且也影响构件（或模板）的规格和数量。人们从自然界构成中发现一条规律，基本因子单位越小，构成的对象越丰富多样。对工业化建筑也是如此，当基本定型单位逐渐缩小时，建筑空间的组合也变得越来越灵活多样。例如从预制大板住宅的发展过程中不难看到,定型单位在由大逐渐变小,由初期的标准房屋(整幢房屋)定型→单元定型→部分单元定型→户定型→房间块定型→构(部)件定型,如图4-35所示。该图中说明,随着基本定型单位的逐渐变小,建筑平面设计的灵活性增大,平面类型也相应增多。同样,现浇体系也反映了这种规律,当选用的模板单元越大时,其灵活性并不比预制大板优越。若改为小型拼装模板时,就能使现浇体系建筑在布局上的灵活性充分显示出来。

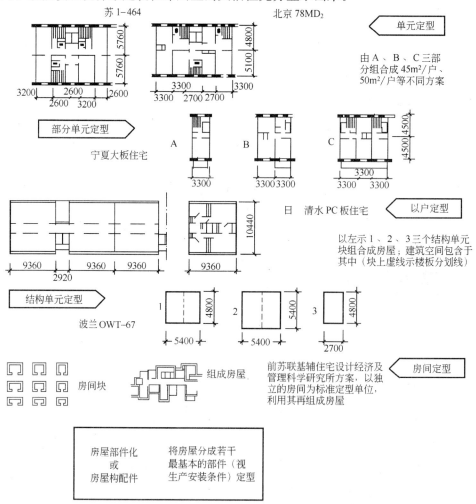

图4-35 预制大板住宅设计中不同类型标准定型单位演化(单位:mm)

所以选择基本定型单位,应根据本国、本地区工业化建筑水平和建筑功能的具体情况,尽量选取对建筑平面限制较小的因子。我国住宅大多采用小开间横墙承重,因此基本定型单位以选取户或者房间块比较适宜。

基本定型单位一旦确定之后,平面空间组合中最活跃的可变因素就是那些作为连接基本定型单位的公共活动空间,如公共走廊、楼梯间和电梯间等。图4-36(a)为一座装配式建筑,从它的外表可以清楚地看到它是由若干基本定型单位组合起来的一个集合体,它的每一个长方体都是一个基本定型单位,用公共交通空

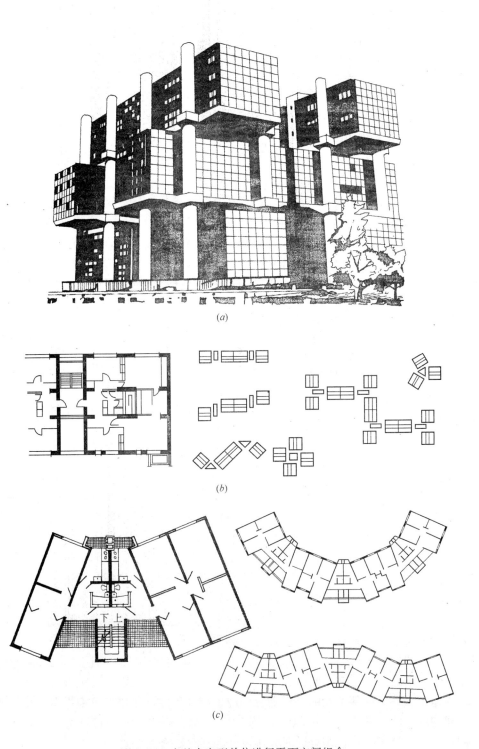

图 4-36 由基本定型单位进行平面空间组合
(a) 由基本定型单位组成的装配式建筑；(b) 以户为定型单位进行多样化平面组合；
(c) 某"内浇外砌"住宅方案以定型居住单元进行多样化的平面组合

间把这些长方体按照形式美的法则集合起来，便构成了这座装配式建筑的平面和外形。如果单独地观看每一个基本定型单位，并没有多大意义，但经过建筑师将这些单体纵横交错穿插安置在一排排竖向圆筒结构中后，所形成的群体则具有审美欣赏价值。图4-36（b）为某装配式大板住宅，选择户为基本定型单位，虽然只有一种户型，但用不同形状的楼梯间作为连接体加以巧妙组合后，便可形成不同体形的建筑。图4-36（c）为内浇外砌住宅，以居住单元为基本定型单位，其平面特点是楼梯间和厨卫设施设计成梯形，因此用这些定型单位所组成的建筑，可呈弧形、圆形、折线形等多种体形。

（2）采取灵活空间设计法

在不改变基本定型单位承重结构位置的前提下，将建筑内部设计成可随时间、地点、使用要求和面积标准而变化的灵活空间，这是实现建筑平面空间多样化的一种有效设计方法。在框架体系中运用这种设计法的优越性最明显。但是在墙承重结构体系中，由于内部空间受承重墙的限制，其灵活性远不如框架体系，特别是小开间横墙承重的限制更死，通常可采取下列措施来弥补这一缺陷。

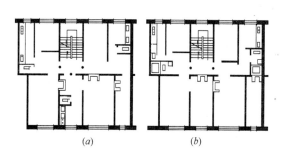

图4-37　利用在内墙上预留的门洞改变户室比

(a) 原平面；(b) 调整后的平面

• 在内墙上采取预留门洞的方法。承重墙位置虽不能任意改变，但墙上门洞的位置和数量是不受限制的，只要在内墙上适当位置预留一些门洞，就能为平面组合提供一定的灵活性。这种方法的优点在住宅设计中体现得特别明显。当住户人口增加或减少、或面积标准发生变化，希望能改变住宅内部的平面组合，使原来的户室比和面积及时得到调整，以适应新的要求。如图4-37利用壁橱构件和预留门洞使原来的一梯三户标准居住单元改变为一梯二户的标准居住单元。这种改动调整，完全不涉及原来的承重墙，只是把壁橱构件挪动一下位置而已。

• 采用大开口门形墙板构成灵活空间。在大板建筑中采用大开口门形墙板，既不影响楼板与墙板之间的可靠连接，又能将两个较小的空间打通变成一个大空间。这一构造措施无疑对平面空间的灵活划分极其有利。图4-38为一大板住宅，由于采用了大开口门形内墙板后，住宅内部空间划分不受承重墙的限制，对实现大中小居室相互搭配，使户型多样化有明显的优越性。

• 采用大开间灵活划分内部空间。随着工业化建造手段的进步，结构技术、施工工艺、设备水平在不断提高，许多国家相继发展了大跨度、大开间墙承重结构体系，为建筑内部空间的灵活划分创造了有利条件，使用者可根据各自的需要变换内部空间，图4-39为德国汉堡采用大开间灵活划分空间设计方法的住宅实例，这种设计方法往往需要同时采用灵活隔断和组合式家具。

• 错层和跃层布置。采用错层和跃层等更为复杂的空间布局，不但为平面空间组合提供了更加灵活多变的条件，而且在建筑造型上可以突破一般化的框框。图4-40为印度孟买干城章嘉公寓，地处热带气候，为了获得来自西面阿拉伯海的凉风，每户

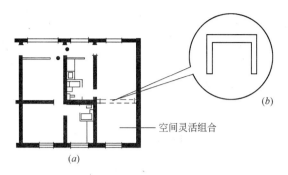

图 4-38　利用大开口门形墙板使室内空间灵活变化
（a）某住宅平面；（b）大开口门形墙板

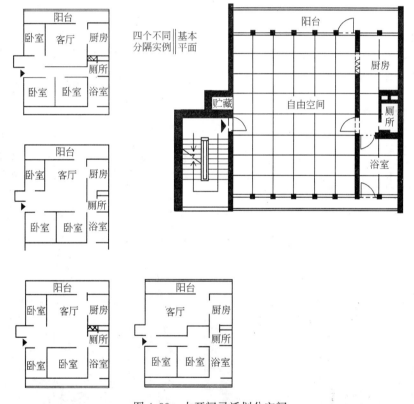

图 4-39　大开间灵活划分空间

德国汉堡某住宅区 500 户在每户 85m² 面积上形成 1100×1100 设计网络，在其上可自由划分空间，形成多样布局。厨房、卫生间等设备管线复杂部分则集中布置在固定区域。

均东西两面开窗。为了防止东西晒，设计了贯通两层楼高的大阳台，使立面出现一个一个竖跨两层的大开口，形成了对比强烈的建筑造型。它的基本户型为跃层式，有三室户、四室户、五室户、六室户等多种户型，内部布局相当灵活。

3）从建筑立面上考虑

工业化建筑因受构件规格和模板的限制，立面变化较少，容易流于呆板和千篇一律。因此，应在不影响标准化的前提下，注意建筑立面的艺术加工和细部处理，通常有以下一些处理手法。

（1）利用屋顶和檐口的变化

建筑物的屋顶和檐口形式是立面多样化设计的重点部位。利用不同形状的女儿墙和挑檐定型构件，进行不同组合，形成高低错落、形状各异的檐口线。有时适当采用坡屋顶形式，可使立面突破一般化的平直轮廓线。

（2）利用外廊和阳台的阴影效果

利用外廊、阳台或凸出楼梯间等阴影效果，可改善立面的单调感（图4-40）。阳台底板不应局限于矩形一种，可为半圆、弧形、梯形等多种形式，也可做成整间的或半间的、单个的或成组的，楼上楼下可对齐也可交错，凹阳台、凸阳台相间布置，通过这些手法使立面产生不同的阴影变化，从而改善立面的形象。

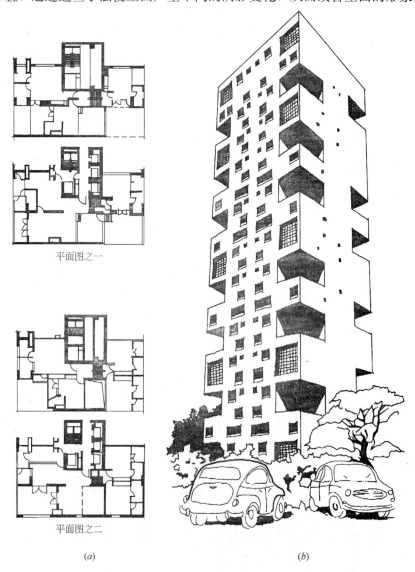

图4-40　印度孟买干城章嘉公寓
(a)平面图；(b)透视图

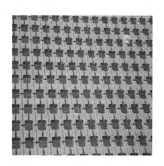

图 4-41　利用结构构件改变建筑的立面效果

（3）利用结构构件装饰立面

立面设计时可将建筑物外围的梁、柱、墙等做成装饰结构构件，以一定的规律组合成图案，形成浮雕式的立面。这样的构件通常有以下两种类型：第一种是塑性墙板（带肋混凝土墙板），它是利用混凝土墙板肋部外突，构成对比强烈的凹凸图案，具有立体感强、造型美观、不需另作外饰面等优点。塑性墙板使建筑造型生动活泼、丰富多彩，避免了工业化建筑立面单调死板的缺点，如图 4-41 所示。第二种是"建筑—结构构件"，它是将工业化建筑的外墙按一定规律的图案，分别划分为大量不同型号的预制构件，这些构件同时具有结构承重和建筑装饰两种功能，如图 4-42 所示。

（4）利用入口形式的变化

建筑的入口是人们的必经之地，是视线的焦点，引人注目。如果处理得好，不但醒目大方，还会给人一种友好、亲切、愉快的感受。因此，入口不同形式的处理是使建筑立面多样化的另一个重要部位。

（5）利用色彩和材料质感

在不改变建筑外墙形状、大小和门窗位置的情况下，外墙采用不同材料和色彩的变化，是处理好工业化建筑立面的一个重要方法。特别是在现代工业迅速发展的时代，应充分利用各种工业产品作为建筑材料，创造千变万化的建筑形象。图 4-43 是两个采用不同材料质感和色彩装饰的工业化建筑实例。

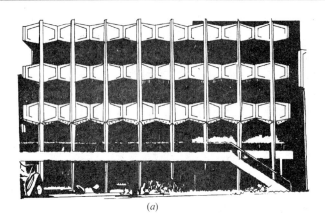

(a)

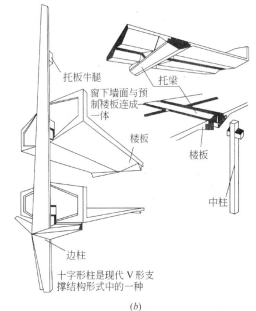

托板牛腿
托梁
窗下墙面与预制楼板连成一体
楼板
楼板
中柱
边柱
十字形柱是现代V形支撑结构形式中的一种

该建筑的柱、托梁、楼板乃至窗下墙面均作为建筑—结构构件设计，每种构件的造型都根据受力特点而加以精心推敲，组装后不仅使建筑的外观别开生面，而且也打破了室内空间的"方盒子"局限性，突出地表现建筑—结构构件带来的韵律美和造型特点。

(b)

图 4-42　利用建筑—结构构件装饰立面
(a) 德国杜塞尔多夫某办公楼兼住宅；(b) 德国杜塞尔多夫某办公楼兼住宅所采用的"建筑—结构构件"示意

4) 各种建筑体系的综合运用

把两种以上的工业化建筑体系融合在一起，相互吸取优点，扬弃缺点，使之互相补充，为设计多样化创造有利条件。例如前面介绍的"内浇外砌"和"内浇外挂"大模板建筑类型，以及现浇体系中采用盒子厨房和盒子卫生间等就是现浇与预制相结合的典型例子。图 4-44 (a)、(b) 是盒子建筑体系与现浇体系相结合建造的高层建筑实例。

5) 从建筑构造上考虑

(1) 在构件尺寸不变的前提下变换洞口形状和位置

同一规格的墙板和楼板，其孔洞的形状和位置是可变的，生产这些构件的

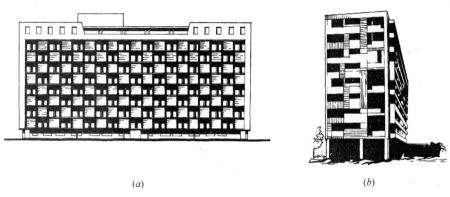

图 4-43 利用色彩和材料质感装饰工业化建筑立面
(a) 英国拜晚浦桥大街公寓，利用材料对比和色彩变化打破立面的单调；
(b) 德国柏林某住宅，以不同的色块和色带组成不规则的装饰图案，
使它的山墙变得色彩斑斓

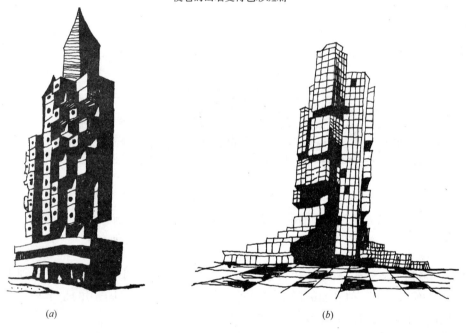

图 4-44 盒子体系与筒体结构体系的组合实例
(a) 著名日本建筑师黑川纪章设计的东京中银盒子构件装配式塔楼，中间是现浇的承重结构，
盒子构件悬挂在周围，并且通过其端部固定在井筒上；(b) 为一高层住宅楼，下面几层盒子
构件叠置成台阶形，塔楼的中心是筒体结构，在它的周围悬挑出盒子构件

模具外形尺寸不变，只是芯模的大小、形状和位置发生变化。对于同一尺寸的墙板，可以有各式各样的门窗形式，在同一尺寸的楼板上管道孔的位置是可变的。进行构件设计时，可以设计成系列化的墙板和系列化的楼板等，以满足多种平面和立面的组合要求，如图 4-45 所示。

(2) 在构件连接方法不变的前提下变换平面形状和布局

不同形状和布局的建筑平面，其构件的连接方法和板缝防水构造是不变的，

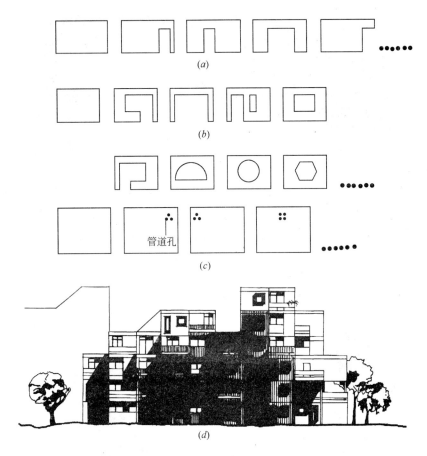

图 4-45 系列化墙板和楼板示意
(a) 内墙系列化构件；(b) 外墙系列化构件；(c) 楼板系列化构件；
(d) 大小和形状不同的门窗洞使立面变得丰富多彩

如图 4-46 所示。图 4-46（a）为不规则大板住宅平面；图 4-46（b）为规则大板住宅平面。虽然两种平面的形状和房间的尺寸都不相同，但采用的是定型化、系列化的构件，其构件的连接方法和板缝防水构造均相同。

（3）在构件外形和尺寸不变的前提下变换构件材料

为满足保温隔热的要求，外墙板所选择的材料是可变的。因为不同地区的保温隔热要求不一样，外墙可采用单一轻质材料制作的轻混凝土墙板，或者是普通混凝土与保温材料组成的复合墙板。

（4）在构件外形和尺寸不变的前提下变换外饰面做法

工业化建筑外饰面做法通常有以下两种：

- 传统饰面做法，如水刷石、干粘石、面砖、聚合物砂浆喷涂和滚涂等。
- 工业化饰面做法

a. 美术混凝土饰面。即混凝土墙板的外表浇筑成具有凹凸花纹的装饰面，以获得一定的艺术效果。通常的方法是采用反打工艺进行浇筑。所谓反打工艺就是在浇筑墙板时，先在模具内铺上具有各种花纹的衬模，借助于混凝土的可塑性

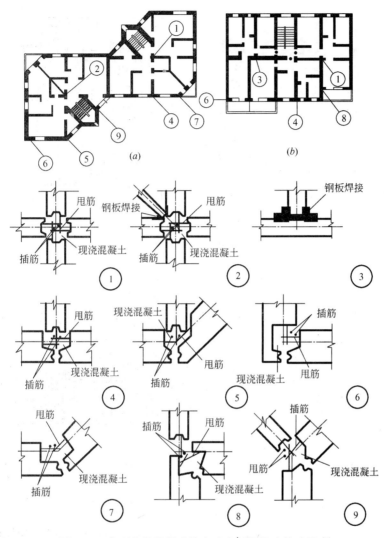

图 4-46 定型化的构件连接方法和板缝防水构造示意
(a) 不规则平面；(b) 规则平面

将衬模上的花纹反印在混凝土表面。反打工艺是对正打工艺而言的。通常浇筑混凝土墙板，外墙面处于铸模上方，即饰面向上进行浇筑，称为正打工艺。通常采用干粘石、水刷石、瓷砖贴面都是正打工艺浇筑墙板。反打工艺不同于正打工艺是饰面向下浇筑，适用于美术混凝土饰面制作，如图 4-47 所示。该图为两种美术混凝土饰面的外墙板，质感强、装饰效果好，不需要在外表面另用其他材料加铺，混凝土既是结构材料也是饰面材料。饰面色彩可以取混凝土本色，也可喷涂别的颜色，如各种涂料。

b. 露骨料混凝土饰面，这种饰面是在墙板脱模以后（或脱模以前），用高压喷砂、酸腐蚀或水洗等方法，对混凝土表面进行加工处理，使混凝土中的骨料露出表面，显现出骨料的色彩与质感，不必另加饰面层，比传统饰面方法省料、耐久、装饰效果好。

(a) (b)

图 4-47 美术混凝土饰面
(a) 仿磨菇饰面；(b) 条纹饰面

参 考 文 献

[1] 李国胜编著. 简明高层钢筋混凝土结构设计手册. 第 2 版. 北京：中国建筑工业出版社，2003.

[2] 建设部工程质量安全监督与行业发展司，中国建筑标准设计研究所编. 全国民用建筑工程设计技术措施—结构. 北京：中国计划出版社，2003.

[3] 陈富生，邱国桦，范重编著. 高层建筑钢结构设计. 北京：中国建筑工业出版社，2000.

[4] 中国建筑标准设计研究所，中国建筑金属结构协会主编. 建筑幕墙（2003 年合订本）（J103—2～7）. 北京：中国建筑标准设计研究所，2003.

[5] 张剑敏，马怡红，陈保胜编著. 建筑装饰构造. 北京：中国建筑工业出版社，1995.

[6] 新型建筑材料施工手册. 北京：中国建筑工业出版社，2001.

[7] 薛健，周长积编著. 装修构造与做法. 天津：天津大学出版社，1999.

[8] 雷春浓编著. 现代高层建筑设计. 北京：中国建筑工业出版社，1998.

[9] 注册建筑师考试手册. 济南：山东科学技术出版社，1998.

[10] 北京市注册建筑师管理委员会. 一级注册建筑师考试辅导教材. 北京：中国建筑工业出版社，2001.

[11] 陈保胜，陈中华主编. 建筑装饰构造资料集（上）. 北京：中国建筑工业出版社，1999.

[12] 傅信祁，颜宏亮，周健编著. 顶棚. 北京：中国建筑工业出版社，1992.

[13] 杨金铎，许炳权编. 现代建筑装饰构造与材料. 北京：中国建筑工业出版社，1994.

[14] 刘建荣主编. 建筑构造（第二册）. 成都：四川科学技术出版社，1991.

[15] 刘建荣主编. 房屋建筑学. 武汉：武汉大学出版社，1991.

[16] 建筑设计资料集编委会编. 建筑设计资料集（1～9）第 2 版. 北京：中国建筑工业出版社，1994～1997.

[17] 中国大百科全书建筑园林城市规划编委会编. 中国大百科全书建筑园林城市规划卷. 北京：中国大百科全书出版社，1988.

[18] 柯特·西格尔著. 现代建筑的结构与造型. 成莹犀译. 北京：中国建筑工业出版社，1981.

[19] P·L·奈尔维著. 建筑的艺术与技术. 黄运升译. 北京：中国建筑工业出版社，1981.

[20] 北京市建筑设计院选编. 国外建筑实例图集体育建筑. 北京：中国建筑工业出版社，1979.

[21] 彭一刚著. 建筑空间组合论. 北京：中国建筑工业出版社，1983.

[22] 同济大学，清华大学，南京工学院，天津大学编. 外国近现代建筑史. 北京：中国建筑工业出版社，1982.

[23] 法国工业化住宅设计实践. 娄述渝，林夏编译. 北京：中国建筑工业出版社，1986.

[24] 中国建筑学会建筑结构学术委员会编. 高层建筑结构设计建议. 上海：上海科学技术

出版社，1985.

[25] 史春珊，孙清军编著. 建筑造型与装饰艺术. 沈阳：辽宁科学技术出版社，1988.

[26] 杨全铎，许炳权编. 现代建筑装饰构造与材料. 北京：中国建筑工业出版社，1994.

[27] （英）Richard Saxon著. 中庭建筑开发与设计. 戴复东，吴庐生等译. 北京：中国建筑工业出版社，1990.

[28] 李胜才，吴龙声著. 装饰构造. 南京：东南大学出版社，1997.

[29] 陈建东主编. 玻璃幕墙工程技术规范应用手册. 北京：中国建筑工业出版社，1996.